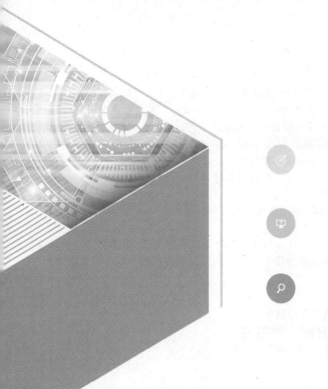

Java程序设计
上机实训（第2版）

◎ 王薇 杨丽萍 主编

清华大学出版社

北京

内 容 简 介

本书是清华大学出版社出版的教材《Java 程序设计与实践教程》的配套用书,也可独立作为上机用书。本书内容包括上机实训和习题解答两部分。上机实训主要针对 Java 程序设计的初级及高级操作,精心设计了各章实验,每章实验又分为多个实验题目,每个实验题目由实验目的、实验要求、实验步骤(程序)和独立练习组成。每个实验题目均采用"任务驱动式"描述方式,由浅入深地训练学生的 Java 编程实践能力。每个实验题目操作步骤详细,可使学生较为轻松地完成实验内容。实验题目中的独立练习部分为学生提供了额外的编程题目,以帮助学生更快地提高编程水平。习题解答部分列出与配套教材各章内容要点相对应的习题解答以及 Java 综合习题,供读者参考。

本书以掌握 Java 语言的应用为目的,层次清晰,注重实用,语言简洁,深入浅出,通过实验、实训来掌握 Java 语言的应用能力和技巧。

本书适合作为普通本科院校、大专以及高职高专计算机及相关专业本科生和专科生等学习 Java 语言上机实训的指导教材,也可作为学生或教师的教学参考用书。本书也适合高等院校非计算机专业学生自学、各类社会人员培训使用。

图书在版编目(CIP)数据

Java 程序设计上机实训/王薇,杨丽萍主编. —2 版. —北京:清华大学出版社,2019
(高等学校软件工程专业系列教材)
ISBN 978-7-302-52979-8

Ⅰ. ①J… Ⅱ. ①王… ②杨… Ⅲ. ①JAVA 语言-程序设计-高等学校-教学参考资料 Ⅳ. ①TP312.8

中国版本图书馆 CIP 数据核字(2019)第 085462 号

策划编辑:魏江江
责任编辑:王冰飞
封面设计:刘　键
责任校对:梁　毅
责任印制:刘海龙

出版发行:清华大学出版社
　　　　网　　　址:http://www.tup.com.cn,http://www.wqbook.com
　　　　地　　　址:北京清华大学学研大厦 A 座　　　　　邮　　编:100084
　　　　社 总 机:010-62770175　　　　　　　　　　　　邮　　购:010-62786544
　　　　投稿与读者服务:010-62776969,c-service@tup.tsinghua.edu.cn
　　　　质量反馈:010-62772015,zhiliang@tup.tsinghua.edu.cn
　　　　课件下载:http://www.tup.com.cn,010-62795954
印 装 者:三河市国英印务有限公司
经　　销:全国新华书店
开　　本:185mm×260mm　　印　张:18.5　　　　　字　　数:445 千字
版　　次:2011 年 8 月第 1 版　2019 年 7 月第 2 版　印　　次:2019 年 7 月第 1 次印刷
印　　数:7401~8900
定　　价:39.00 元

产品编号:077864-01

前　言

  Java 语言是目前真正跨平台、纯粹的面向对象、适合单机和 Internet 开发的编程语言。Java 程序设计是计算机专业的一门专业必修课，Java 课程体系也成为各个工科专业学生学习的技术主线之一。由于学习 Java 语言具有入门快、开发快、就业快等特点，使得学习 Java 语言的人越来越多。

  本书主要是针对本科院校的办学宗旨和学生特点，结合现在社会用人单位招聘员工时对 Java 编程能力的要求，在企业实训提纲的基础上，突出重实践操作能力的特点，重点强调编程技能的训练指导。

  本书在内容上主要分为两部分：第一部分是 Java 上机实训，主要包括 Java 简介及开发环境搭建、Java 语法基础、程序的流程控制、数组、类和对象、类和对象的扩展、Java 常用系统类、Java I/O 流、图形用户界面、线程、网络程序开发、Java 与数据库连接技术；第二部分是习题解答，主要包括 Java 习题解答、Java 综合习题、Java 模拟试卷、Java 企业面试题。依据这些实验教学内容，本书由浅入深、分层次设计了一系列实验单元，以满足不同读者的练习要求，并侧重于学生实际操作能力的培养。通过"任务驱动式"实验要求描述，力求通过实际操作任务使学生清晰地理解实验内容，并按实验步骤完成相关操作。除基本实训题目外，本书还配有上机独立练习题，便于给学生布置课后练习以独立完成，除复习实验课中的知识点外，还有利于培养学生独立思考问题和解决问题的能力。此外，本书还提供教学大纲、教学进度表、实验报告模板，读者可以扫描封底的课件二维码下载。

  本书的主要特点如下。

  (1) 针对应用型院校的学生与课程设置特点编写。

  (2) 教材内容将指导、训练、课后扩展有机结合为一体。

  (3) 内容独立且充实，案例具有典型性，以点盖面。

  (4) 训练题型多样化，从不同层面引导学生完成任务，达到实训要求。

  本书在编写过程中力求突出知识点，强调实践操作，通过实践操作练习的多样化强化实践练习。本书集知识性、实践性和操作性于一体，具有内容安排合理、层次清楚、图文并茂、通俗易懂、实例丰富等特点。

  本书由长春大学计算机科学技术学院王薇、杨丽萍主编完成，其中，第 1～9 章由王薇编写，第 10、11 章由徐大伟编写，第 13～15 章由杨丽萍编写，第 16 章由杜威编写。

  由于时间仓促、水平有限，不足之处在所难免，恳请读者批评指正。

编　者

2019 年 3 月

目　　录

第1章

Java 简介

实验1　JDK 的下载、安装与配置

【实验目的】

(1) 熟悉 JDK 工具包的下载及安装过程。

(2) 掌握 JAVA_HOME、CLASSPATH 及 Path 的设置内容。

(3) 掌握 Java 程序运行原理及 javac、java 命令的使用方法。

【实验要求】

(1) 登录 Oracle 官方网站 Java 首页(http://www.oracle.com/technetwork/java/index.html 或 http://java.sun.com),下载最新版 JDK 工具包。

(2) 将 JDK 工具包安装在 D:\java\jdk1.8.0_66\文件夹中。

(3) 完成 JDK 环境配置。创建 JAVA_HOME 变量并设置其值为"D:\java\jdk1.8.0_66",创建 CLASSPATH 变量并设置其值为"D:\java\jdk1.8.0_66\lib"文件夹中的 dt.jar、tools.jar 及当前目录,在 Path 变量原有值的基础上增加"D:\java\jdk1.8.0_66\bin"。

(4) 验证 JDK 是否配置正确。

【实验步骤】

1. 登录 Oracle 官方网站并下载最新版 JDK 工具包

(1) 打开 chrome 或其他浏览器,输入网址"http://java.sun.com"或"http://www.oracle.com/technetwork/java/index.html",打开 Oracle 官方网站 Java 主页,如图 1-1 所示。

(2) 在主页右上方的 New Downloads 列表中选择 Java SE 9.0.1 选项,进入最新的 Java SE 信息页面,如图 1-2 所示。

(3) 在 Java SE 的信息页面中列出 Java Platform (JDK) 9 及 NetBeans with JDK 8 两项。单击 Java SE 8 Update 151/ 152 按钮进入 Java SE Downloads 页面,查找 Java SE 8u151/ 8u152 下载列表项,如图 1-3 所示。

(4) 在 Java SE Downloads 下载页面中,单击 JDK DOWNLOAD 按钮,进入接受许可页面,如图 1-4 所示。选中 Accept License Agreement 单选按钮,同意 Oracle 二进制代码授权,即 Oracle Binary Code License Agreement for Java SE。

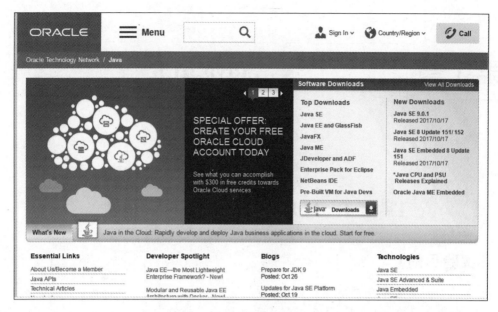

图 1-1　Oracle 官方网站 Java 主页

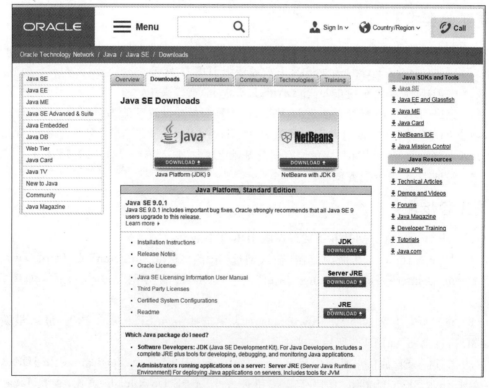

图 1-2　Java SE 信息页面

（5）单击 Windows x86 对应的 jdk-8u151-windows-i586.exe 超链接，下载相应版本的
JDK 可执行文件。

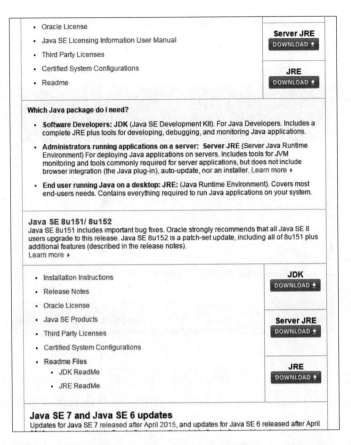

图 1-3　Java SE Downloads 页面

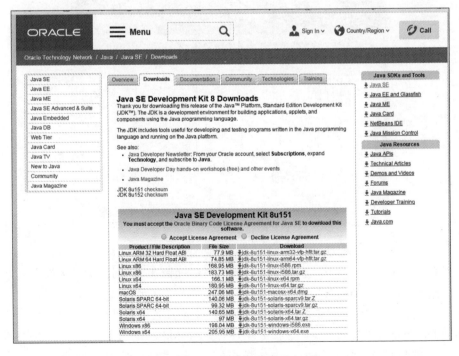

图 1-4　接受许可页面

2. 将 JDK 工具包安装在 D:\java\jdk1.8.0_66\文件夹中

（1）双击下载的 jdk-8u151-windows-i586.exe 文件，打开 JDK 的"安装程序"对话框，如图 1-5 所示。

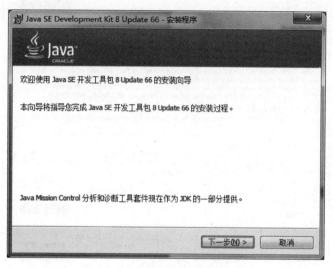

图 1-5 "安装程序"对话框

（2）单击"下一步"按钮打开"定制安装"对话框，如图 1-6 所示。在该对话框中，可以更改 JDK 文件的安装路径以及选择是否安装某些组件。JDK 默认的安装路径为 C:\Program Files\Java\jdk1.8.0_66 目录。

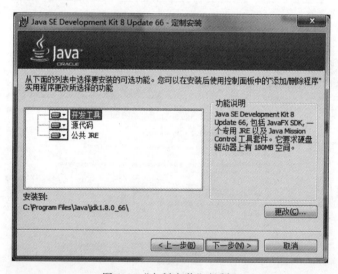

图 1-6 "定制安装"对话框

（3）单击"更改"按钮打开"更改文件夹"对话框，如图 1-7 所示。将"文件夹名"文本框中的内容改为"D:\Java\jdk1.8.0_66\"，单击"确定"按钮返回"定制安装"对话框。

（4）在"定制安装"对话框中单击"下一步"按钮进入 JDK 的文件安装过程，如图 1-8 所示。

（5）JDK 类库安装完成后，会提示安装 JRE 运行环境，如图 1-9 所示。单击"更改"按钮更改 JRE 的安装路径为"D:\java\jre8\"，单击"下一步"按钮进行 JRE 的安装。

图 1-7 "更改文件夹"对话框

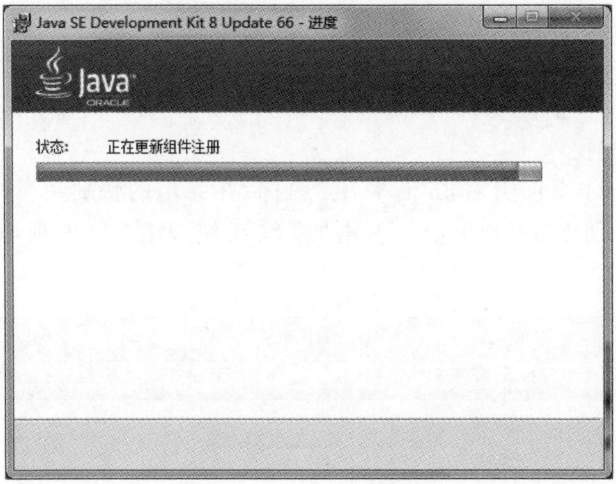

图 1-8 JDK 文件安装过程

图 1-9 "目标文件夹"对话框

（6）JRE 文件安装结束后出现如图 1-10 所示的对话框，单击"关闭"按钮完成 JDK 的安装。

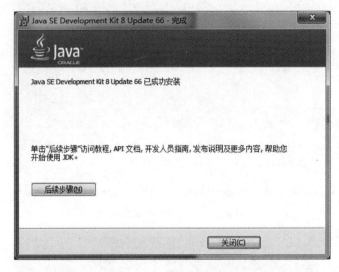

图 1-10 "完成"对话框

3. JDK 环境配置

（1）在 Windows 桌面上右击"计算机"图标，在弹出的快捷菜单中选择"属性"命令，打开"系统"窗口，如图 1-11 所示。单击"高级系统设置"列表项，进入"系统属性"对话框。

图 1-11 "系统"窗口

（2）在"系统属性"对话框中，选择"高级"选项卡，如图 1-12 所示，单击"环境变量"按钮，打开"环境变量"对话框，如图 1-13 所示。

图 1-12 "系统属性"对话框

图 1-13 "环境变量"对话框

（3）在"环境变量"对话框的"系统变量"选项区域中，单击"新建"按钮，弹出"新建系统变量"对话框，在"变量名"文本框中输入"JAVA_HOME"，在"变量值"文本框中输入"D：\Java\jdk1.8.0_66"，如图 1-14 所示，单击"确定"按钮完成 JDK 基准路径的设置。

（4）在"环境变量"对话框的"系统变量"选项区域中单击"新建"按钮，在打开的"新建系统变量"对话框的"变量名"文本框中输入"CLASSPATH"，在"变量值"文本框中输入"．；％JAVA_HOME％\lib\dt.jar；％JAVA_HOME％\lib\tools.jar"，如图 1-15 所示，单击"确定"按钮完成 JDK 所用类路径的设置。

（5）在"环境变量"对话框的"系统变量"选项区域中选中变量"Path"，单击"编辑"按钮，

图 1-14 创建 JAVA_HOME 变量

图 1-15 创建 CLASSPATH 变量

在弹出的"编辑系统变量"对话框中选择"变量值"文本框,并将光标置于已有文本内容结束位置,输入";%JAVA_HOME%\bin;"(即 JDK bin 目录所在路径,注意,若该路径为 Path 的最后一项则不需要加第 2 个";"),如图 1-16 所示。

图 1-16 编辑 Path 变量

(6) 单击"确定"按钮关闭"环境变量"对话框,再单击"确定"按钮关闭"系统属性"对话框。

4. 验证 JDK 是否配置正确

(1) 选择"开始"→"所有程序"→"附件"→"运行"命令,打开"运行"对话框。在该对话框中输入"cmd"命令,如图 1-17 所示,进入"命令提示符"窗口;也可以选择"开始"→"所有程序"→"附件"→"命令提示符"命令,打开"命令提示符"窗口。

图 1-17 "运行"对话框

（2）在命令提示符后面输入"javac"命令。如果配置成功，会出现与 javac 命令相关的参数说明，如图 1-18 所示；也可以在命令提示后输入"java   -version"，如果配置成功会显示当前 JDK 的版本，如图 1-19 所示。

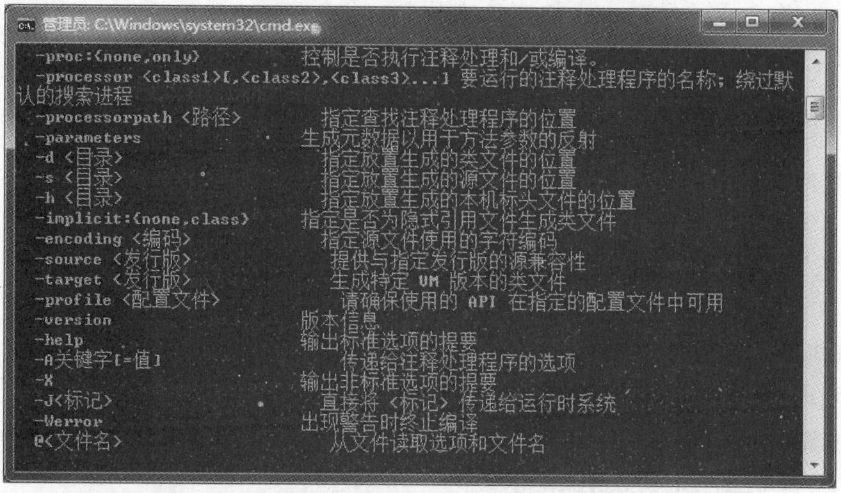

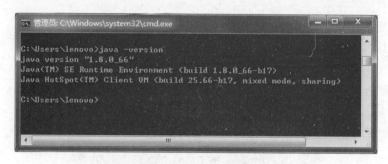

图 1-18　测试 JDK 是否成功

图 1-19　显示 JDK 的版本

实验 2　Java 程序的编辑与运行

【实验目的】

（1）熟悉用记事本编写 Java 程序的过程。
（2）了解 Java 程序的基本结构。
（3）掌握 javac 及 java 命令的使用。
（4）熟悉 MyEclipse 集成开发环境的使用。

【实验要求】

（1）创建 D:\javaExecise 文件夹。
（2）设置显示已知文件类型扩展名。

（3）利用记事本完成 Java 程序的编写。该程序功能为输出"我们开始学习 Java 啦！"，文件名为 Start. java 并保存在 D：\javaExecise 文件夹中。

（4）利用命令编译运行 Java 程序。打开"命令提示符"窗口，进入 D：\javaExecise 目录，利用 javac 命令编译 Start. java 源文件，利用 java 命令解释执行 Start. class 字节码文件。

（5）在 MyEclipse 中编辑并运行 Java 程序。进入 MyEclipse 集成开发环境，创建 MyProject1 项目，并在该项目中创建 Start 类，其功能仍为输出"我们开始学习 Java 啦！"。运行该项目，查看程序运行结果。

（6）更改 MyEclipse 中的字体设置。根据自己的需求更改 MyEclipse 集成开发环境中代码编辑区与控制面板区的字体设置。

【实验步骤】

1. 创建 D：\javaExecise 子文件夹

（1）双击"计算机"图标，打开"计算机"窗口。

（2）双击"本地磁盘（D：）"图标，在窗口空白处右击，从弹出的快捷菜单中选择"新建"→"文件夹"命令，创建一个新文件夹。

（3）在新建的文件夹上右击，从弹出的快捷菜单中选择"重命名"命令，输入文件夹名为"javaExecise"。

2. 设置显示已知文件类型扩展名

（1）在"计算机"窗口中选择"组织"→"文件夹和搜索选项"命令，打开"文件夹选项"对话框。

（2）选择"查看"选项卡，取消"隐藏已知文件类型的扩展名"复选框的勾选状态，如图 1-20 所示。

（3）单击"确定"按钮关闭"文件夹选项"对话框。

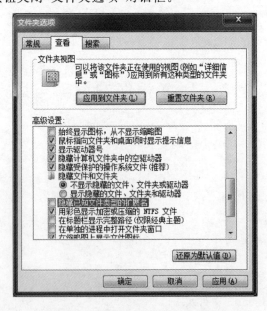

图 1-20　显示已知文件类型的扩展名

3. 利用记事本完成 Java 程序的编写

（1）选择"开始"→"所有程序"→"附件"→"记事本"命令，打开"无标题-记事本"窗口。

（2）在记事本中输入以下代码：

```
public class Start {
    public static void main(String[ ] args) {
        System.out.println("我们开始学习 Java 啦!");
    }
}
```

（3）选择"文件"→"保存"命令，打开"另存为"对话框，在"另存为"下拉列表框中选择"D:\javaExecise"路径，在"文件名"文本框中输入"Start.java"。

（4）单击"确定"按钮完成 Java 源文件的保存。

4. 利用命令编译运行 Java 程序

（1）选择"开始"→"所有程序"→"附件"→"运行"命令，在弹出的对话框中输入"cmd"命令，进入"命令提示符"窗口。

（2）在命令提示符下输入"javac D:\javaExecise\Start.java"命令，完成 Start.java 源文件的编译，将在 D:\javaExecise 文件夹中产生 Start.class 字节码文件。

（3）在命令提示符下输入"D:"进入 D 盘；再输入"cd javaExecise"进入 Start.class 所在文件夹 D:\javaExecise。

（4）在命令提示符下输入"java Start"，解释执行字节码文件 Start.class。

5. 在 MyEclipse 中编辑并运行 Java 程序

（1）选择"开始"→"所有程序"→MyEclipse→MyEclipse 10 命令，启动 MyEclipse 程序。

（2）在显示工作空间设置对话框中单击 Browse 按钮，在对话框中选择"D:\javaExecise"；也可直接在 Workspace 文本框中输入"D:\javaExecise"。

（3）单击 OK 按钮确定项目工作空间进入 MyEclipse 10 集成开发环境，工作界面如图 1-21 所示。

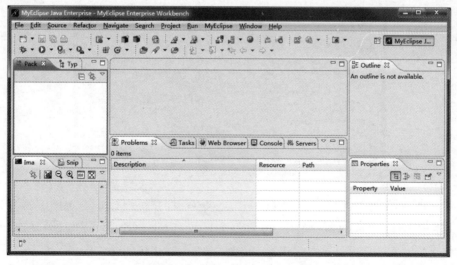

图 1-21　MyEclipse 10 工作界面

（4）创建 MyProject1 项目。选择 File→New→Java Project 命令，打开 New Java Project 窗口，如图 1-22 所示，在 Project name 文本框中输入"MyProject1"，单击 Finish 按钮关闭该窗口。

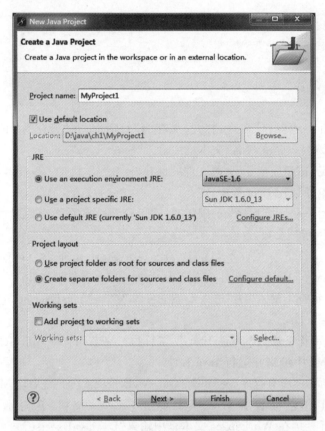

图 1-22　创建 MyProject1 项目

（5）在弹出的切换透视图对话框中单击 No 按钮，如图 1-23 所示。

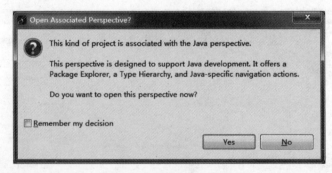

图 1-23　切换透视图对话框

（6）创建 Start 类。选择 File→New→Class 命令，打开新建类窗口，如图 1-24 所示。在 Name 文本框中输入"Start"，并选中 public static void main(String[] args)复选框，单击 Finish 按钮。

（7）在代码编辑器中输入 Start 类的代码，如图 1-25 所示。

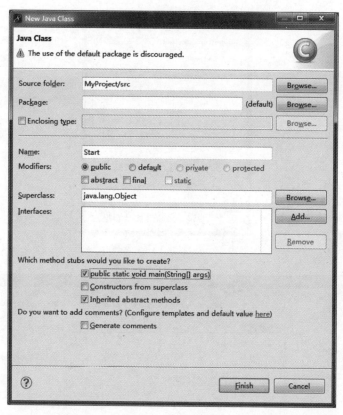

图 1-24 新建类窗口

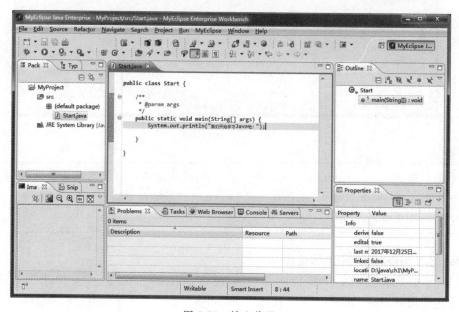

图 1-25 输入代码

（8）单击 Run 按钮运行该程序，在弹出的 Save and Launch 对话框中单击 OK 按钮，如图 1-26 所示。

（9）运行结果可在 Console 选项卡中显示，如图 1-27 所示。

图 1-26　Save and Launch 对话框

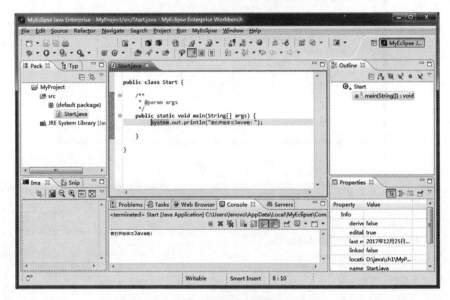

图 1-27　运行结果

🖰**知识提示**　在 Colors and Fonts 面板区中的 type filter text 文本框中输入过滤文本内容。如果要在代码编辑区输入"System. out. println();"命令时可输入"Syso"后按 Alt＋/组合键快速补全输出语句。

6. 更改 MyEclipse 中字体设置

（1）单击菜单栏中的 MyEclipse 菜单项，选择 Preference 命令，进入 MyEclipse 集成开发环境性能设置窗口，如图 1-28 所示。

（2）选择窗口左侧中的 General→Appearance→Colors and Fonts 选项，或直接在 type filter text 文本框中输入"font"设置过滤文本，显示 Colors and Fonts 面板内容。选择 Basic→Text Font 列表项进行输入区代码字体设置，如图 1-29 所示，单击右侧的 Edit 按钮，进入"字体"对话框，如图 1-30 所示，修改相应字体并单击"确定"按钮返回 Preferences 窗口。

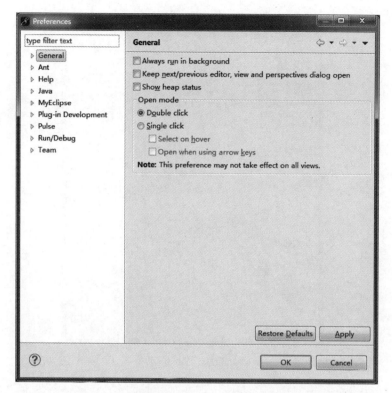

图 1-28　Preferences 窗口

图 1-29　显示 Colors and Fonts 面板内容

第 1 章

Java 简介

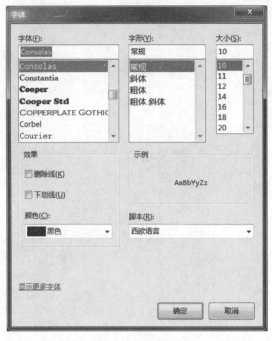

图 1-30　"字体"对话框

（3）在 Preferences 窗口中单击 OK 按钮完成字体设置，程序运行界面字体变化效果，如图 1-31 所示。

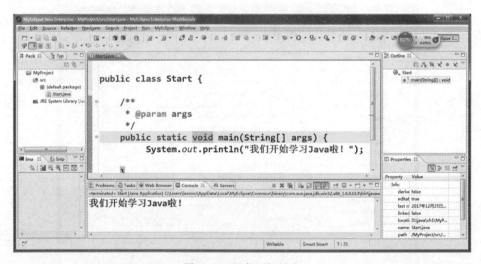

图 1-31　程序运行界面

实验 3　Java Applet 小应用程序的编辑与运行

【实验目的】

（1）了解 Java Applet 小应用程序的工作过程。

（2）掌握 Java Applet 小应用程序的基本编写方法及运行方式。

【实验要求】

（1）利用记事本在 D:\javaExecise 中创建 StartApplet 类。创建的 StartApplet 类要继承 Applet 类，在 paint 方法中利用 Graphics 类的 drawString 方法输出字符串"我们开始学习 Java 啦!"。

（2）利用记事本创建 index.htm 文件。该文件主要用于调用 StartApplet 类实现字符串的输出。

（3）利用 appletviewer 命令查看 index.htm 文件。

（4）利用 IE 浏览器查看 index.htm 文件。

【实验步骤】

1. 利用记事本在 D:\javaExecise 中创建 StartApplet 类

（1）选择"开始"→"附件"→"记事本"命令，打开"无标题-记事本"窗口，输入以下代码：

```
import java.awt. * ;                        //指定要使用的 Package
import java.applet. * ;
public class StartApplet extends Applet     //指定继承 Applet 类
{
    public void paint(Graphics g)           //用来绘制字符串的方法
    {
        g.drawString("我们开始学习 Java 啦!",10,10);
    }
}
```

（2）选择"文件"→"保存"命令，打开"另存为"对话框，选择保存的位置在 D:\javaExecise 文件夹中，在"文件名"文本框中输入"StartApplet.java"。

2. 利用记事本创建 index.htm 文件

（1）打开 D:\javaExecise 文件夹。

（2）选择"开始"→"附件"→"记事本"命令，打开"无标题-记事本"窗口，输入以下代码：

```
< html >
< body >
    < applet code = StartApplet.class   width = 200   height = 100 >
    </applet >
</body >
</html >
```

（3）选择"文件"→"保存"命令，打开"另存为"对话框，在"文件名"文本框中输入"index.htm"。

3. 利用 appletviewer 命令查看 index.htm 文件

（1）选择"开始"→"运行"命令，在"运行"对话框中输入"cmd"命令，打开"命令提示符"窗口。

（2）在命令提示符下输入以下命令：

```
C:\Documents and Settings\Administrator > d:
D:\> cd javaExecise
D:\javaExecise > appletviewer   index.htm
```

（3）在打开的 Applet 窗口中查看 index. htm 程序运行结果。

4. 利用 IE 浏览器查看 index. htm 文件

（1）打开 D:\javaExecise 文件夹。

（2）在 index. htm 文件上右击，在弹出的快捷菜单中选择"打开方式"→Internet Explorer 命令，浏览 index. htm 文件，查看程序运行结果。

【独立练习】

在 JDK 的安装路径 D:\java\jdk1. 8. 0_66\demo\applets\Clock 文件夹中用浏览器打开网页文件 example1. html，可以看到一个嵌入到 Web 页面的 Applet 开始运行，一个模拟时钟出现在网页上。

第2章 Java 基础

实验1 常量与变量的声明与使用

【实验目的】

(1) 掌握类的定义,明确类的组成。

(2) 掌握 Java 的变量与常量的声明方法。

(3) 掌握 Java 中各种基本数据类型的使用。

【实验要求】

(1) 设置 MyEclipse 的当前工作空间为 D:\javaExecise。

(2) 创建 MyProject2 项目,创建主类 AreaAndLength,并创建 3 个类: Triangle、Ladder 和 Circle,分别用来描述"三角形""梯形"和"圆形"。具体要求如下。

① Triangle 类具有类型为 double 的 3 个边,以及周长、面积属性,Triangle 类具有返回周长、面积以及修改 3 个边的功能。另外,Triangle 类还具有一个 boolean 型的属性,该属性用来判断 3 个边能否构成一个三角形。

② Ladder 类具有类型为 double 的上底、下底、高、面积属性,具有返回面积的功能。

③ Circle 类具有类型为 double 的半径、周长和面积属性,具有返回周长、面积的功能。

(3) 在项目 MyProject2 中创建 DataTypeDemo 类,并分别定义整型、长整型、字符型、浮点型、单精度型、双精度型、字符串型、布尔型等变量,然后依次输出各变量的默认值。

【实验步骤】

1. 设置 MyEclipse 的工作空间为 D:\javaExecise

(1) 选择"开始"→"所有程序"→MyEclipse→MyEclipse 10 命令,启动 MyEclipse。

(2) 在出现的当前工作空间设置对话框中输入"D:\javaExecise",单击 OK 按钮进入 MyEclipse 工作界面。

2. 创建项目 MyProject2 并在该项目下创建 AreaAndLength 类

(1) 选择 File→New→Java Project 命令,打开 New Java Project 对话框,在 Project name 文本框中输入"MyProject2",单击 Finish 按钮关闭窗口。

(2) 选择 File→New→Class 命令,打开 New Java Class 对话框,在 Name 文本框中输入"AreaAndLength",然后选中 public static void main (String[ ] args) 和 Generate

comments 复选框以自动产生 main 主方法及程序的相关注释,最后单击 Finish 按钮。

（3）在代码编辑器中输入以下代码,并将代码补充完整。

```java
public class AreaAndLength {
    public static void main(String args[]) {
        double length, area;
        Circle circle = null;
        Triangle triangle;
        Ladder ladder;
        _____    //创建对象 circle
        _____    //创建对象 triangle
        _____    //创建对象 ladder
        _____    // circle 调用方法返回周长并赋值给 length
        System.out.println("圆的周长:" + length);
        _____    // circle 调用方法返回面积并赋值给 area
        System.out.println("圆的面积:" + area);
        _____    // triangle 调用方法返回周长并赋值给 length
        System.out.println("三角形的周长:" + length);
        _____    // triangle 调用方法返回面积并赋值给 area
        System.out.println("三角形的面积:" + area);
        _____    // ladder 调用方法返回面积并赋值给 area
        System.out.println("梯形的面积:" + area);
        _____    // triangle 调用方法设置 3 个边
                               //要求将 3 个边修改为 12,34,1
        _____    // triangle 调用方法返回面积并赋值给 area
        System.out.println("三角形的面积:" + area);
        _____    // triangle 调用方法返回周长并赋值给 length
        System.out.println("三角形的周长:" + length);
    }
}

class Triangle  {
    double sideA, sideB, sideC, area, length;
    boolean boo;
    public  Triangle(double a, double b, double c)  {
        _____         //参数 a、b、c 分别赋值给 sideA, sideB, sideC
        if(_____)  //a、b、c 构成三角形的条件表达式
        {
            _____   //给 boo 赋值
        }
        else
        {
            _____   //给 boo 赋值
        }
    }
    double getLength()
    {
        _____   //方法体,要求计算出三角形周长 length 的值并返回
    }
```

```java
    public double  getArea()  {
        if(boo)
          {
            double p = (sideA + sideB + sideC)/2.0;
            area = Math.sqrt(p * (p - sideA) * (p - sideB) * (p - sideC)) ;
            return area;
          }
        else
          {
            System.out.println("不是一个三角形,不能计算面积");
            return 0;
          }
    }
    public void setABC(double a, double b, double c)  {
        _____ //参数 a 赋值给 sideA
        _____ //参数 b 赋值给 sideB
        _____ //参数 c 赋值给 sideC
      }
    }
}
class Ladder {
    double above, bottom, height, area;
    Ladder(double a, double b, double h)
    {
        _____ //构造方法体,将参数 a, b, c 分别赋值给 above, bottom, height
    }
    double getArea()
    {
        _____ //方法体,要求计算出梯形面积 area 并返回
    }
}


class Circle {
    double radius, area;
    Circle(double r)  {
        _____ //构造方法体,参数 r 赋值给 radius 变量
    }
    double getArea()  {
        _____ //方法体,要求计算出圆形面积 area 并返回
    }
    double getLength()  {
        _____ //getArea 方法体的代码,要求计算出圆形周长 length 并返回
    }
    void setRadius(double newRadius)  {
        radius = newRadius;
    }
    double getRadius()  {
        return radius;
    }
}
```

（4）调试并运行程序，观察 AreaAndLength 类的运行结果。

3. 在项目 MyProject2 中创建 DataTypeDemo 类

（1）按照创建 AreaAndLength 类的方法，在项目 MyProject2 中创建 DataTypeDemo 类。

（2）在 main 方法中输入以下代码。

```java
public class DataTypeDemo{
    public static void main(String args[]){
        byte b = 0x55;
        short s = 0x55ff;
        int i = 1000000;
        long l = 0xffffL;
        char c = 'a';
        float f = 0.23F;          //此行 0.23 后的 F 可否去掉，为什么
        double d = 0.7E-3;        //可否将 0.7E-3 变换为另一种等值方式来表示
        boolean B = true;
        String S = "这是字符串类数据类型";
        System.out.println("字节型变量 b = " + b);
        System.out.println("短整型变量 s = " + s);
        System.out.println("整型变量 i = " + i);
        System.out.println("长整型变量 l = " + l);
        System.out.println("字符型变量 c = " + c);
        System.out.println("单精度型变量 f = " + f);
        System.out.println("双精度变量 d = " + d);
        System.out.println("布尔型变量 B = " + B);
        System.out.println("字符串类对象 S = " + S);
    }
}
```

（3）运行并调试程序，观察运行结果。

🖘**知识提示**　以上各类的代码在编写时要注意区分大小写，如类名首字母要大写，变量名定义时首字母要小写。

【独立练习】

（1）字符类型可直接用字符或用字符的 ASCII 码表示。编写一个 CharTest 类，定义两个字符型变量，分别用字符及字符的 ASCII 码赋值并输出。

（2）在 MyProject2 中创建 ByteTest 类，按以下代码将 main 方法补全，调试程序，将程序中错误的部分改正过来。

```java
public class ByteTest
{
    public static void main ( String [ ] args )
    {
        byte b;
```

```
        b = 3 ;
        b = b * 3;
        System.out.println( b );
    }
}
```

实验 2　运算符与表达式

【实验目的】

（1）掌握常用运算符的基本使用方法。
（2）掌握表达式的使用方法。
（3）了解移位运算符的使用方法。
（4）掌握算术运算、关系运算及逻辑运算的优先关系。

【实验要求】

（1）在项目 MyProject2 中创建 DivModDemo 类，定义两个整型变量 a 和 b，对这两个变量进行除法、取模和自加运算。
（2）在项目 MyProject2 中创建 BitShiftDemo 类，实现数值的移位运算。
（3）在项目 MyProject2 中创建 OperationDemo 类，分析关系运算与逻辑运算的优先关系。

【实验步骤】

1. 对两个整型变量进行除法、取模和自加运算

（1）在项目 MyProject2 中创建 DivModDemo 类。
（2）在代码编辑器中输入以下代码，并将代码补充完整。

```
public class DivModDemo{
    public static void main(String[ ] args){
        /**
         * different variable
         */
        int a = 8, b = 5;

        //演示除法运算关系
        System.out.println(a + "/" + b + " = " + a/b);
        System.out.println(a + "/" + ( - b) + " = " + a/ - b);
        System.out.println( - a + "/" + b + " = " + - a/b);
        System.out.println( - a + "/" + ( - b) + " = " + _____);      //此处该如何完成

        //演示取模运算关系
        System.out.println(a + "%" + b + " = " + a % b);
```

23

```
        System.out.println(a + "%" + (-b) + "=" + a % - b);
        System.out.println(-a + "%" + b + "=" + _____);    //此处该如何完成
        System.out.println(-a + "%" + (-b) + "=" + -a % - b);

        //演示自加运算关系
        System.out.println(++a + "+" + b + "=" ++ + a + b);          // 此行会出现什么错误提示
        System.out.println(++a + "+" + b + "=" + (++a) + b);
        System.out.println(a++ + "+" + (-b) + "=" + _____);  //此处该如何完成
        System.out.println(- ++a + "+" + b + "=" + - ++a + b);
        System.out.println(- a++ + "+" + (-b) + "=" + -a++ + -b);
    }
}
```

（3）运行并调试程序，观察 DivModDemo 类的运行结果。

2. 二进制的移位算法

（1）在项目 MyProject2 中创建 BitShiftDemo 类。

（2）在代码编辑器中输入以下代码，并将代码补充完整。

```
public class BitShiftDemo{
    public static void main(String args[ ]){
        int a = -16, b = 16;
        System.out.println("********************************");  //此行有何作用
        System.out.println("a 的二进制数为：" + _____);        //将空格处代码补全
        System.out.println("a 左移 1 位后各位为：" + _____);
        System.out.println(a + "<< 2 = " + _____);

        System.out.println("********************************");
        System.out.println("a 的二进制数为：" + _____);
        System.out.println("a 右移 1 位后各位为：" + _____);
        System.out.println(a + ">> 2 = " + _____);

        System.out.println("********************************");
        System.out.println("a 的二进制数为：" + _____);
        System.out.println("a 右移 1 位后各位为：" + _____);
        System.out.println(_____ + (a >>> 2));

        System.out.println("********************************");
        System.out.println("b 的二进制数为：" + _____);
        System.out.println("b 左移 1 位后各位为：" + _____);
        System.out.println(b + "<< 2 = " + (b << 2));

        System.out.println("********************************");
        System.out.println("b 的二进制数为：" + _____);
        System.out.println("b 右移 1 位后各位为：" + _____);
        System.out.println(_____ + (b >> 2));

        System.out.println("********************************");
        _____("b 的二进制数为：" + _____);
```

```
_____("b右移1位后各位为:" + _____);
_____ ;     //输出 b 的无符号右移两位的结果

        System.out.println(" ***************************** ");
    }
}
```

（3）运行并调试程序，观察运行结果。

🖎**知识提示**   要将整型的变量转换为二进制的字符可以使用 Integer.toBinaryString()完成，二进制位左移采用<<,右移采用>>完成。>>>是无符号右移符号运算符,变量值右移后左侧补 0。

---

3. 关系运算与逻辑运算的混合运算

（1）在项目 MyProject2 中创建 OperationDemo 类。

（2）在代码编辑器中输入以下代码。

```
import java.io. * ;
public class OperationDemo{
        public static void main(String args[]){
                int a = 25,b = 3;
                boolean d = a < b;           // 思考这里 d 的值是多少
                System.out.println(a + "<" + b + " = " + d);
                int e = 3;
                d = (e!= 0&&a/e > 5);         // 思考这里 d 的值是多少
                System.out.println(e + "!= 0&&" + a + "/" + e + ">5 = " + d);
                int f = 0;
                d = (f!= 0&&a/f > 5);         // 思考这里 d 的值是多少
                System.out.println(f + "!= 0&&" + a + "/" + f + ">5 = " + d);
                d = (f!= 0&&a/f > 5);         // 思考这里 d 的值是多少
                System.out.println(f + "!= 0&&" + a + "/" + f + ">5 = " + d);
        }
}
```

（3）运行并调试程序，观察运行结果。

【独立练习】

（1）从键盘输入两个整数,通过下面的程序计算这两个整数的和并输出运算结果。

```
import java.io. * ;
public class   MySumDemo{
    public static void main(String args[]) throws IOException   {
        int num1,num2,sum;
        String str;
        BufferedReader buf;
```

```
buf = new BufferedReader(new InputStreamReader(System. in));
System. out. print("Input the first integer:");
str = buf. readLine();
num1 = Integer. parseInt(str);
System. out. print("Input the second integer:");
str = buf. readLine();
num2 = Integer. parseInt(str);
sum = num1 + num2;
System. out. println("The sum is " + sum);
        }
}
```

① 如何增加程序的可读性？改写本程序,提高程序的可读性。

② 程序第一条语句"import java. io. ＊;"的作用是什么?

(2) 编写一个程序,要求从键盘输入圆的半径,求圆的面积并输出结果。

(3) 调试下面的程序,分析程序运行结果。

```
public class SanmuTest {
    public static void main(String[] args) {
        int    iBig = 2;
        int    iSmall = 1;
        boolean   result = (iBig >= iSmall)?true:false;
        System. out. println("Result Is: " + result);
    }
}
```

第3章 程序流程控制

实验1 顺序程序结构及选择程序结构

【实验目的】

(1) 掌握 Java 中顺序语句、选择语句的使用。

(2) 熟练掌握用这两种基本程序结构及相关的变量、表达式、运算符及有关类的方法来解决问题的思想。

【实验要求】

(1) 设置 MyEclipse 的当前工作空间为 D:\javaExecise。

(2) 在 MyProject3 项目中创建 ScoreChange 类,用 if…else 结构实现百分制成绩转换,能根据输入的百分制成绩输出"优""良""中""及格""不及格"。90 分以上为"优",80～89 分为"良",70～79 分为"中",60～69 分为"及格",60 分以下为"不及格"。

(3) 在 MyProject3 项目中创建 ScoreChange2 类,用 switch…case 结构实现百分制成绩的转换。

(4) 在 MyProject3 项目中创建 MaxMinDemo 类,并求 3 个数中的最大数与最小数。

(5) 在 MyProject3 项目中创建 LeapYearDemo 类,使用 if…else 语句构造多分支,判断某一年是否为闰年。闰年的条件是符合下面二者之一:能被 4 整除,但不能被 100 整除;能被 4 整除,又能被 100 整除。

(6) 在 MyProject3 项目中创建 DegreeDemo 类,在不同温度时显示不同的解释说明。

(7) 在 MyProject3 项目中创建 PresentDemo 类,运行程序后从键盘输入数字 1、2、3 后,可显示抽奖得到的奖品;如果输入其他数字或字符显示"真不幸,你没有奖品! 下次再来吧。"

【实验步骤】

1. 设置 MyEclipse 的工作空间为 D:\javaExecise

(1) 选择"开始"→"所有程序"→MyEclipse→MyEclipse 10 选项,启动 MyEclipse。

(2) 在出现的当前工作空间设置对话框中输入"D:\javaExecise",并单击 OK 按钮进入 MyEclipse 工作界面。

2. 创建 MyProject3 项目并创建 ScoreChange 类实现百分制转换

(1) 选择 File→New→Java Project 选项,打开 New Java Project 对话框,在 Project name 文本框中输入"MyProject3",单击 Finish 按钮关闭窗口。

(2) 选择 File→New→Class 命令,打开 New Java Class 窗口,在 Name 文本框中输入 "ScoreChange",并分别选中 public static void main(String[ ] args)和 Generate comments 复选框,单击 Finish 按钮完成类的创建。

(3) 在代码编辑器中输入以下代码并补全程序段。

```java
import java.io. * ;
public class ScoreChange{
    //以下 grade( )方法的功能是根据所给成绩 score 计算出成绩的等级
    void grade(int score){

        //请完成该方法

    }
    public static void main(String[] args){
        //该语句功能是将标准输入流 system.in 与输入流、缓冲流套接
        //从键盘接受一个字符串
        BufferedReader strin = new BufferedReader(new InputStreamReader(System.in));
        System.out.print("please input to data:");
        //这里 try{ }catch(){ } 结构为 Java 系统要求的异常处理
        try{
            //将键盘输入的字符串转换成整数类型,并赋值给变量 s
            s = Integer.parseInt(strin.readLine());
        }catch(IOException e){ }
        ScoreChange score1 = new ScoreChange();
        score1.grade(s);
    }
}
```

(4) 运行并调试程序,观察运行结果。

3. 创建 ScoreChange2 类实现百分制转换

(1) 选择 File→New→Class 命令,打开 New Java Class 对话框,在 Name 文本框中输入"ScoreChange2",并分别选中 public static void main(String[ ] args)和 Generate comments 复选框,单击 Finish 按钮完成类的创建。

(2) 在代码编辑器中输入以下代码并补全程序段。

```java
public ScoreChange2{
    public static void main(String args[]){
        int score = 55;
        switch(_____) {                          //请补充完整此行
            _____;               //请补充完整此行
            case 5:System.out.println(score + "分是不及格");break;
            //去掉 break 结果有何变化
            case 6:System.out.println(score + "分是及格");break;
```

```
        case 7: System.out.println(score + "分是中等");break
        case 8:System.out.println(score + "分是良好");break;
        case 9:
        case 10:System.out.println(score + "分是优秀");break;
        _____:System.out.println("数据错误");   //请补充完整此行
        }
    }
}
```

（3）调试并运行程序，观察运行结果。

4. 创建 MaxMinDemo 类，并求 3 个数中的最大数与最小数

（1）在 MyProject3 项目中创建 MaxMinDemo 类。

（2）在代码编辑器中输入以下代码并补全程序段。

```
public class MaxMinDemo{
    public static void main(String args[]){
        int max,a = 4,b = 3,c = 7;
        /*
        请补充完整此部分代码
        */
        System.out.println(a + "  " + b + "  " + c);   //如果改为(a + b + c)结果如何
        System.out.println("max = " + max);
    }
}
```

（3）运行并调试程序，观察运行结果。

5. 创建 LeapYearDemo 类判断闰年

（1）在 MyProject3 项目中创建 LeapYearDemo 类。

（2）在代码编辑器中输入以下代码并补全程序段。

```
public class LeapYearDemo {
    public static void main(String args[]) {
        boolean leap;
        int year = 2005;
        if ((year % 4 == 0 && year % 100!= 0) || (year % 400 == 0))      // 方法1
            System.out.println(year + " 年是闰年");
        else
            System.out.println(year + " 年不是闰年");
        year = 2008;                                                     // 方法2
        if (year % 4!= 0)
            leap = false;
        else if (_____)
            leap = true;
        else if (year % 400!= 0)
            leap = false;
        else
            leap = true;
```

```
        if (leap == true)
            System.out.println(year + " 年是闰年");
        else
            System.out.println(year + " 年不是闰年");
        year = 2050;                                        // 方法 3
        if (_____) {
            if (year % 100 == 0) {
                if (year % 400 == 0)
                    leap = _____;
                else
                    leap = false;
            }
            else
                leap = false;
        }
        else
            leap = false;
        if (leap == true)
            System.out.println(year + " 年是闰年");
        else
            System.out.println(year + " 年不是闰年");
    }
}
```

(3) 调试并运行程序,观察运行结果。

(4) 本程序中有几个选择语句,哪些具有嵌套关系?

6. 创建 DegreeDemo 类,在不同温度时显示不同的解释说明

(1) 在 MyProject3 项目中创建 DegreeDemo 类。

(2) 在代码编辑器中输入以下代码。

```
public class DegreeDemo{
    public static void main(String args[ ]) {
        int c = 38;
        switch (c < 10?1:c < 25?2:c < 35?3:4) {
            case 1:
                System.out.println(" " + c + "℃ 有点冷。要多穿衣服。");
            case 2:
                System.out.println(" " + c + "℃ 正合适。出去玩吧。");
            case 3:
                System.out.println(" " + c + "℃ 有点热。");
            default:
                System.out.println(" " + c + "℃ 太热了!开空调。");
        }
    }
}
```

(3) 调试并运行程序,观察运行结果。

(4) 利用该程序的实现思想重新完成"实验要求(2)"中的任务。

7. 创建 PresentDemo 类实现抽奖游戏

(1) 选择 File→New→Class 命令,打开 New Java Class 对话框,在 Name 文本框中输入"PresentDemo",并分别选中 public static void main(String [ ] args)和 Generate comments 复选框以自动产生 main()主方法及程序的相关注释,单击 Finish 按钮。

(2) 在代码编辑器中输入以下代码并补全程序段。

```java
import java.io. * ;
public class PresentDemo {
    public static void main(String args[]) throws IOException {
        char ch;
        System.out.println("按 1、2、3 数字键可得大奖!");
        System.out.println("按'Q'键可退出循环操作.");
        while ((ch = (char)System.in.read())!= ' ') {
            System.in.skip(2);                        // 跳过 Enter 键
            _____ {
                case '1':
                    System.out.println("恭喜你得大奖,一辆汽车!");
                    break;
                _____
                    System.out.println("不错呀,你得到一台笔记本电脑!");
                    break;
                case '3':
                    System.out.println("没有白来,你得到一台冰箱!");
                    _____ ;
                case 'q':
                    System.out.println("欢迎下次再来!");
                    System.exit(0);
                _____
                    System.out.println("真不幸,你没有奖品!下次再来吧.");
            }
        }
    }
}
```

(3) 调试并运行程序,观察运行结果。

【独立练习】

(1) 从键盘输入一个字符,若该字符为小写字母,则输出"此字符是小写字母";若为大写字母,则输出"此字符为大写字母";否则输出"此字符不是字母"。

👆**知识提示**　利用BufferedReader　buf;

　　　　　　　buf＝new BufferedReader(new InputStreamReader(System. in));

　　　　　　　Stringstr＝buf. readLine;

　　　　实现从键盘上输入字符,但要注意的是输入的字符均为字符串。

---

(2) 在不同温度时,显示不同的解释说明。在温度小于10℃时显示"×℃有点冷。要多

穿衣服。",在 10~25℃ 显示"×℃ 正合适,出去玩吧。",在 25~35℃ 显示"×℃ 有点热。",大于等于 35℃ 显示"×℃ 太热了!开空调。"。

> 🤚 **知识提示**　先用 if…else 语句或者三元运算符把温度转换成数字 1,2,3,4,再使用 switch 语句。例如:

```
int c = 30;
int t ;
t = c<10?1:c<25?2:c<35?3:4;
```

实验 2　while 与 do…while 循环程序结构

【实验目的】

(1) 掌握 Java 中 while 与 do…while 循环语句的使用。

(2) 熟练掌握 while 与 do…while 循环程序结构解决问题的思想。

【实验要求】

(1) 在 MyProject3 项目中创建 GuessNumber 类,实现猜数游戏。利用 Math. random()方法产生 1~100 的随机整数,利用 JOptionPane. showInputDialog()方法产生一个输入对话框,用户可以输入所猜的数。若所猜的数比随机生成的数大,则显示"猜大了,再输入你的猜测:";若所猜的数比随机生成的数小,则显示"猜小了,再输入你的猜测:";若所猜的数正好为随机生成的数,则显示"猜对了!"。

(2) 在 MyProject3 项目中创建 WhileLoop 类,用 while 结构求 0~100 的整数数字之和。

(3) 在 MyProject3 项目中创建 DoWhileLoop 类,用 do…while 结构求 0~100 的整数数字之和。

【实验步骤】

1. 创建 GuessNumber 类实现猜数游戏

(1) 选择 File→New→Class 命令,打开 New Java Class 对话框,在 Name 文本框中输入"GuessNumber",并分别选中 public static void main(String[ ] args)和 Generate comments 复选框以自动产生 main 主方法及程序的相关注释,单击 Finish 按钮。

(2) 在代码编辑器中输入以下代码并补全程序段。

```
import javax. swing. JOptionPane;
public class GuessNumber{
    public static void main (String args[ ]) {
        System. out. println("给你一个 1~100 的整数,请猜测这个数");
```

```
        int realNumber = _____ ;          //此处使用 Math. random( )方法
        int yourGuess = 0;
        String str = JOptionPane. showInputDialog("输入你的猜测:");
        yourGuess = Integer. parseInt(str);
        while(_____)                    //循环条件
        {
            if(_____)                   //条件代码
            {
                str = JOptionPane. showInputDialog("猜大了,再输入你的猜测:");
                yourGuess = Integer. parseInt(str);
            }
            else if(_____)              //条件代码
            {
                str = JOptionPane. showInputDialog("猜小了,再输入你的猜测:");
                yourGuess = _____ ;     // 将字符串转换为整型
            }
        }
        System. out. println("猜对了!");
    }
}
```

(3) 运行并调试程序,观察运行结果。

〇**知识提示**　Math 类是数学类,提供了一些常用的数学方法,如求平方根方法 sqrt()。Math. random()方法主要用于生成 0～1 的随机小数(不包括 1)。Integer. parseInt()方法主要用于将字符串型转换为整型。

---

2. 创建 WhileDemo 类以实现 0～100 之和

(1) 选择 File → New → Class 选项,打开新建类窗口,在 Name 文本框中输入"WhileDemo",并分别选中 public static void main(String[] args)和 Generate comments 复选框以自动产生 main 主方法及程序的相关注释,单击 Finish 按钮。

(2) 在代码编辑器中输入以下代码并补全程序段。

```
public class WhileDemo{
    public static void main(String[] args) {
        int limit = _____;          // limit 为最后一个求和数
        int sum = _____;            // sum 为累加器,用于存储每次的运算和
        int i = 1;                     // i 为循环变量
        //下面这行代码利用 while 循环实现求和运算
        /*
        请补充完整此部分代码

        */
        System. out. println("sum = " + sum);
    }
}
```

(3) 运行并调试程序,观察运行结果。

3. 创建 DoWhileDemo 类以实现 0～100 之和

(1) 在 MyProject3 项目中创建 DoWhileDemo 类。

(2) 在代码编辑器中输入以下代码并补全程序段。

```
public class DoWhileDemo {
    public static void main(String[] args) {
        int limit = _____;         // limit 为最后一个求和数
        int sum = _____;           // sum 为累加器,用于存储每次的运算和
        int i = 1;                    // i 为循环变量
        //下面这行代码利用 do…while 循环实现求和运算
        /*
        请补充完整此部分代码 -
        */
        System.out.println("sum = " + sum);
    }
}
```

(3) 运行并调试程序,观察运行结果。

【独立练习】

(1) 给出一个不多于 5 位的正整数,要求如下。

① 求出该数是几位数。

② 分别打印出每一位数字。

③ 按照逆序打印出各位数值。例如,123 应输出 321。

(2) 给出 10 个数,使用某种排序方法,按照从小到大的顺序输出各个数。

实验 3 for 循环程序结构

【实验目的】

(1) 掌握 Java 中 for 循环语句的基本结构。

(2) 明确 for 循环语句与 while 语句在使用时的区别。

(3) 熟练掌握 for 循环结构的嵌套使用。

(4) 理解 for 循环程序结构解决问题的思想。

【实验要求】

(1) 在 MyProject3 项目中创建 ForLoop 类,用 for 结构求 0～100 的整数数字之和。

(2) 在 MyProject3 项目中创建 DegreeChangeDemo 类,以 5 度为增量打印出一个从摄氏温度到华氏温度的转换表。转换公式为 $h=c×9/5+32$,其中 h 为华氏温度,c 为摄氏温度。

(3) 创建 NumDemo 类并输出 1～1000 之间所有可以被 3 整除又可以被 5 整除的数。

(4) 创建 NMumDemo 类实现九九乘法表的显示输出。

【实验步骤】

1. 创建 ForLoop 类以实现 0~100 之和

（1）在 MyProject3 项目中创建 ForLoop 类。

（2）在代码编辑器中输入以下代码并补全程序段。

```
public class ForLoop {
    public static void main(String[] args) {
        int limit = _____;        // limit 为最后一个求和数
        int sum = _____;          // sum 为累加器,用于存储每次的运算和
        //下面这行代码利用 for 循环实现求和运算
        /*
        请补充此部分代码
        */
        System.out.println("sum = " + sum);
    }
}
```

（3）运行并调试程序,观察运行结果。

2. 创建 DegreeChangeDemo 类并打印温度转换表

（1）在 MyProject3 项目中创建 DegreeChangeDemo 类。

（2）在代码编辑器中输入以下代码。

```
public class DegreeChangeDemo{
    public static void main (String args[]) {
        int h,c;
        System.out.println("摄氏温度\t 华氏温度");
        for (c = 0; c <= 40; c += 5) {
            h = c * 9/5 + 32;
            System.out.println("\t" + c + "\t" + h);
        }
    }
}
```

（3）运行并调试程序,观察运行结果。

3. 创建 NumDemo 类并输出 1~1000 所有可以被 3 整除又可以被 5 整除的数

（1）在 MyProject3 项目中创建 NumDemo 类。

（2）在代码编辑器中输入以下代码并补全程序段。

```
public class NumDemo  {
    public static void main (String args[])  {
        int n,num,num1;
        System.out.println("在 1~1000 可被 3 与 5 整除的为");
        for (n = 1;n <= 1000;n++) {
        /*
            请补充完整此部分代码
        */
```

```
        }
        System.out.println(" ");
    }
}
```

（3）运行并调试程序，观察运行结果。

（4）分别使用 while 和 do…while 循环语句改写本程序，并调试运行程序。

4. 创建 NMumDemo 类实现九九乘法表的输出

（1）在 MyProject3 项目中创建 NMumDemo 类。

（2）在代码编辑器中输入以下代码并补全程序段。

```java
public class NMumDemo {
    public static void main(String args[]){
        int i,j,n = _____;
        System.out.print(" * |");
        for (i = 1;i <= n;i++)
            System.out.print(" " + i);
        System.out.print("\n--- |");
        for (i = 1;_____;i++)
            System.out.print("---- ");
        System.out.println();
        for (i = 1;i <= n;i++){
            System.out.print(" " + i + " |");
            for (j = 1;_____;j++)
                System.out.print(" " + i * j);
            System.out.println();
        }
    }
}
```

程序运行结果如图 3-1 所示，思考如何将乘法表的标题行和内容对齐，试修改程序并运行。

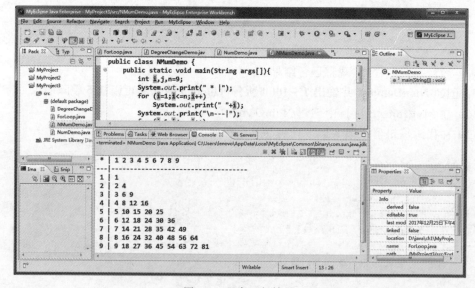

图 3-1　程序运行结果

【独立练习】

（1）编程实现计算 20 的阶乘，要注意计算结果的准确性。

（2）分别使用 while、do…while 和 for 语句编程，找出所有的水仙花数并输出（说明：水仙花数是三位数，它的各位数字的立方和等于这个三位数本身，例如，$371 = 3^3 + 7^3 + 1^3$，371 就是一个水仙花数）。

✒ **知识提示** 使用 while 语句的关键代码如下。

```
while(x<1000){
  a=x%10;
  b=(x%100-a)/10;
  c=(x-x%100)/100;
  if(a*a*a+b*b*b+c*c*c==x) System.out.println(x);
  x+=1;
}
```

程序流程控制

第4章　　　数　组

实验1　一维数组

【实验目的】

（1）掌握一维数组的定义及初始化方法。

（2）掌握循环结构与数组相结合解决问题的方法。

（3）理解数组下标和数组元素间的关系。

【实验要求】

（1）创建 MyProject4 项目，并创建 ArrayDeclare 类，创建一维数组{1,2,3,4,5,6,7,8, 9,10}，要求分别实现顺序和逆序输出数组中各元素。

（2）创建 GetDay 类，在其主方法中创建 int 型数组，并实现将各月的天数输出。

（3）创建 ArraySort 类实现使用冒泡法对数组进行由大到小的排序。

（4）创建 ArrayRandom 类实现使用 Random 类生成的随机数作为数组长度，分别创建 int 型及 double 型的数组对象，随机产生 0~20 的数字赋值给数组元素，将数组 a 中元素与数组 b 中元素相加，并将结果存放在数组 b 中。

【实验步骤】

1. 创建 ArrayDeclare 类实现数组元素的顺序与逆序输出

（1）在 MyProject4 项目中创建 ArrayDeclare 类。

（2）在代码编辑器中输入以下代码并补全程序段。

```
public class ArrayDeclare {
    public static void main(String[ ] args) {
        int[ ] i = {1, 2, 3, 4, 5, 6, 7, 8, 9, 10};
        for(int j = 0; j<_____; ++j) {
            System. out. print(i[j] + " ");
        }
      /*
       *此处代码实现数组元素的逆序排列输出
       */
    }
}
```

（3）运行并调试程序，观察运行结果。

2. 创建 GetDay 类实现将各月的天数输出

（1）在 MyProject4 项目中创建 GetDay 类。

（2）在代码编辑器中输入以下代码并补全程序段。

```java
public class GetDay{
    public static void main(String[] args) {
        int day[] = new int[] _____;
        for (int i = 0; i < 12; i++) {
            System.out.println((i + 1) + "月有" + day[i] + "天");
        }
    }
}
```

（3）运行并调试程序，观察运行结果。

3. 创建 ArraySort 类实现使用冒泡法对数组进行由大到小的排序

（1）在 MyProject4 项目中创建 ArraySort 类。

（2）在代码编辑器中输入以下代码并补全程序段。

```java
public class ArraySort{
    public static void main(String args[]){
        int a[] = {20,10,50,40,30,70,60,80,90,100};
        int temp;
        for(int i = 0;i < a.length - 1;i++)
            for(int j = i + 1;j < a.length;j++)  {
                if(a[i] < a[j])     //改为 if(a[i] > a[j])变成从小到大排序
                {
                    /*
                     * 实现 a[i]与 a[j]的互换
                     */
                }
            }
        for(int k = 0;k < a.length;k++)
            System.out.print("  " + a[k]);
    }
}
```

（3）运行并调试程序，观察运行结果。

4. 创建 ArrayRandom 类实现使用 Random 类生成随机数作为数组长度

（1）在 MyProject4 项目中创建 ArrayRandom 类。

（2）在代码编辑器中输入以下代码并补全程序段。

```java
public class ArrayRandom{
    public static void main(String args[]){
        Random rand = new Random();                    //实例化 Random 类对象
        //随机产生 0～20 之间的数字作为 int 型数组的长度
        int[]  a = new int[rand.nextInt(20)];
        //随机产生 0～20 之间的数字作为 double 型数组的长度
        _____
```

```
System.out.println("a " + a.length);
System.out.println("b " + b.length);
for(int i = 0;i < a.length;i++){
    //将随机产生 0~20 之间的数字赋值给数组 a
    a[i] = _____;
     //打印数组 a
     System.out.println("a[" + i + "] = " + a[i]);
}
for(int i = 0;i < b.length;i++){
    //随机产生的 double 型数字赋值给数组 b
    b[i] = rand.nextDouble();
    b[i] = b[i] + a[i];
     //打印数组 b
     System.out.println("b[" + i + "] = " + b[i]);
}
}
}
```

(3) 运行并调试程序,观察运行结果。

【独立练习】

(1) 编程实现求斐波那契(Fibonacci)数列的前 10 个数字。斐波那契数列的定义如下。

```
F[1] = 1, F[2] = 1,  …,
F[n] = F[n-1] + F[n-2]    (n > = 3)
```

　知识提示　关键代码如下。

```
f[0] = f[1] = 1;
for(i = 2;i < 10;i++)
f[i] = f[i-1] + f[i-2];
```

(2) 调试下列程序,观察程序出现的错误提示。分析错误原因及产生的异常类型,修改程序,使之能正确运行。

```
public static void main(String[ ] args){
    int[ ] score = new int[]{12,32,45,56,67,87,98};
    for(int i = 0;i < = score.length;i++)
        System.out.println(score[i]);
}
```

(3) 声明并创建一维整型数组,分别求数组中的最大元素和最小元素。

实验 2 二维数组及多维数组

【实验目的】

(1) 掌握二维数组的定义及初始化方法。
(2) 掌握多维数组的定义及初始化方法。
(3) 掌握 forearch 循环与数组的遍历。

【实验要求】

(1) 利用二维数组求两个矩阵 $A_{m \times n}$、$B_{n \times k}$ 相乘得到 $C_{m \times k}$，C 矩阵中的每个元素 $C_{ij} = a_{it} \cdot b_{tj}$（其中 $i = 1 \cdots m, t = 1 \cdots n, j = 1 \cdots k$）。

(2) 创建 Matrix 类，声明并定义一个 3 行 4 列的二维数组，对二维数组元素遍历，赋值为 "＊" 号并依次输出各元素。

(3) 创建 ForEachRansack 类，利用 foreach 循环遍历输出三维数组内容。

【实验步骤】

1. 创建 MatrixMultiply 类实现矩阵相乘

(1) 在 MyProject4 项目中创建 MatrixMultiply 类。
(2) 在代码编辑器中输入以下代码并补全程序段。

```
public class MatrixMultiply{
    public static void main(String args[]){
        int i,j,k;
        int a[][] = new int[2][3];
        int b[][] = {{1,5,2,8},{5,9,10,-3},{2,7,-5,-18}};
        int c[][] = _____;
        for(i = 0;i < 2;i++)
            for(j = 0;j < 3;j++)
                a[i][j] = (i+1)*(j+2);
        for(i = 0;i < 2;i++){
            for(j = 0;j < 4;j++){
                c[i][j] = 0;
                for(k = 0;k < 3;k++)
                    c[i][j] += _____;
            }
        }
        System.out.println("\\n***MatrixA***");
        for(i = 0;i < 2;i++){
            for(j = 0;j < 3;j++)
                System.out.print(a[i][j]+"");
            System.out.println();
        }
```

```
System.out.println("\\n *** MatrixB *** ");
for(i = 0;i < 3;i++){
    for(j = 0;j < 4;j++)
        System.out.print(b[i][j] + "");
    System.out.println();
}
System.out.println("\\n *** MatrixC *** ");
for(i = 0;i < 2;i++){
    for(j = 0;j < 4;j++)
        System.out.print(c[i][j] + "");
    System.out.println();
}
    }
}
```

（3）调试并运行程序，观察运行结果。

2. 创建 Matrix 类实现矩阵相乘

（1）在 MyProject4 项目中创建 Matrix 类。

（2）在代码编辑器中输入以下代码并补全程序段。

```
public class Matrix {
    public static void main(String[] args) {
        char a[][] = new char[3][4];              //定义二维数组
        for (int i = 0; i < _____; i++) {
            for (int j = 0; j < _____; j++) {
                a[i][j] = ' * ';                   //初始化数组内容
                System.out.print((char)a[i][j]);   //将数组中的元素输出
            }
            System.out.println();                  //输出空格
        }
    }
}
```

（3）调试并运行程序，观察运行结果。

3. 创建 ForEachRansack 类遍历输出三维数组

（1）在 MyProject4 项目中创建 ForEachRansack 类。

（2）在代码编辑器中输入以下代码。

```
public class ForEachRansack {
    public static void main(String[] args) {
        int array[][][] = new int[][][]{ { { 1, 2, 3 }, { 4, 5, 6 } },  { { 7, 8, 9 }, { 10, 11,
12 } }, { { 13, 14, 15 }, { 16, 17, 18 } }  };
        for (int[][] is : array) {
            //遍历数组
        for (int[] is2 : is) {
                for (int i : is2) {
                    System.out.print(i + "\t");
```

```
        }
            System.out.println();
            //输出一维数组后换行
        }
    }
  }
}
```

（3）调试并运行程序，观察运行结果。

【独立练习】

（1）声明并定义一个三维整型数组，利用三层 for 循环遍历输出三维数组的内容。

（2）利用二维数组实现五子棋。这里只要定义一个二维数组作为下棋的棋盘，每当一个棋手下一步棋后，也就是为二维数组的一个数组元素赋值。以下是参考代码，调试并运行程序，并对程序进行完善。

```java
public class Gobang{
    //定义一个二维数组来充当棋盘
    private String[][] board;
    //定义棋盘的大小
    private static int BOARD_SIZE = 15;
    public void initBoard()  {
        //初始化棋盘数组
        board = new String[BOARD_SIZE][BOARD_SIZE];
        //把每个元素赋为"十",用于在控制台画出棋盘
        for ( int i = 0 ; i < BOARD_SIZE ; i++){
            for ( int j = 0 ; j < BOARD_SIZE ; j++){
                board[i][j] = "十";
            }
        }
    }
    //在控制台输出棋盘的方法
    public void printBoard(){
        //打印每个数组元素
        for ( int i = 0 ; i < BOARD_SIZE ; i++){
            for ( int j = 0 ; j < BOARD_SIZE ; j++){
                //打印数组元素后不换行
                System.out.print(board[i][j]);
            }
            //每打印完一行数组元素后输出一个换行符
            System.out.print("\n");
        }
    }
    public static void main(String[] args)throws Exception{
        Gobang gb = new Gobang();
        gb.initBoard();
        gb.printBoard();
```

```
            //这是用于获取键盘输入的方法
            BufferedReader br = new BufferedReader(new InputStreamReader(System.in));
            String inputStr = null;
            br.readLine()
            while ((inputStr = br.readLine())!= null){
                //将用户输入的字符串以逗号","作为分隔符,分隔成两个字符串
                String[] posStrArr = inputStr.split(",");
                //将两个字符串转换成用户下棋的坐标
                int xPos = Integer.parseInt(posStrArr[0]);
                int yPos = Integer.parseInt(posStrArr[1]);
                //把对应的数组元素赋为"●"
                gb.board[xPos - 1][yPos - 1] = "●";
                /*
                计算机随机生成两个整数,作为计算机下棋的坐标,赋给 board 数组
                还涉及:
                ①坐标的有效性,只能是数字,不能超出棋盘范围
                ②如果下棋的点已经有棋了,则不能重复下棋
                ③每次下棋后,需要扫描谁赢了
                */
                gb.printBoard();
                System.out.println("请输入您下棋的坐标,应以 x,y 的格式:");
            }
        }
    }
```

实验 3　不等长数组与命令行参数 args

【实验目的】

(1) 掌握不等长数组的定义与初始化方法。

(2) 掌握数组的应用。

(3) 掌握命令行参数的使用。

【实验要求】

(1) 在 MyProject4 项目中创建 PrintStar 类,实现利用不等长二维数组 snow 打印 5 行星号,第 1 行为 1 个星号,第 2 行为 3 个星号,第 3 行为 5 个星号,第 4 行为 7 个星号,第 5 行为 9 个星号,程序运行结果如图 4-1 所示。

(2) 利用两个命令行参数 args[0]与 args[1]实现参数输出。

(3) 利用 3 个命令行参数求 3 个整数的最大值。

【实验步骤】

1. 利用不等长二维数组打印星号

(1) 在 MyProject4 项目中创建 PrintStar 类。

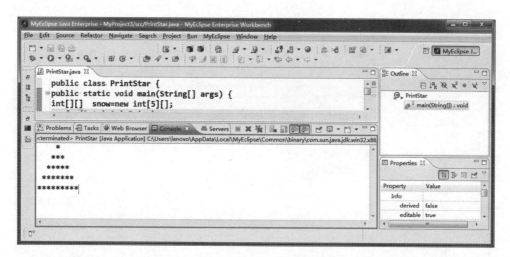

图 4-1　PrintStar 程序运行结果(1)

（2）在代码编辑器中输入以下代码并补全程序段。

```java
public class PrintStar {
  public static void main(String[] args) {
    int[][]   snow = new int[5][];
    for(int i = 0;i < _____ ;i++)
      snow[i] = new _____;
    for(int i = 0;i < snow.length;i++) {
      for(int j = 0;_____;j++) {
        snow[i][j] = ' * ';
      }
    }
    int n = 1;
    for(int i = 0;i < snow.length;i++) {
      for(int k = 0;k < _____;k++) {
        System.out.print(" ");
      }
      for(int j = 0;j < snow[i].length;j++)
        _____;
      System.out.println();
      _____;
    }
  }
}
```

（3）运行并调试程序。若让输出的星号均靠左对齐，如何修改上面的程序段？

（4）若要输出如图 4-2 所示的图形，应该在原有程序的基础上增加哪些代码段？试修改并调试程序。

（5）将第（4）步中实现的程序再做修改，实现如图 4-3 所示的输出效果。

2. 利用两个命令行参数 args[0] 与 args[1] 实现参数输出

（1）在 MyProject4 项目中创建 Say 类。

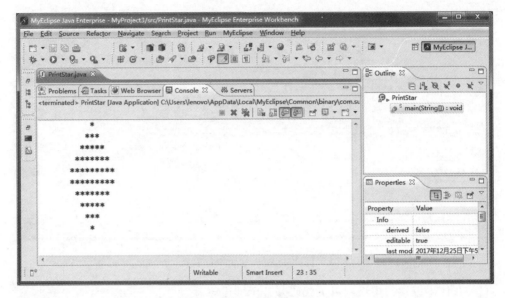

图 4-2　PrintStar 程序运行结果(2)

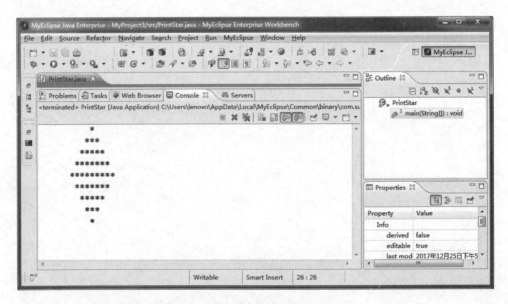

图 4-3　PrintStar 程序运行结果(3)

（2）在代码编辑器中输入以下代码。

```java
public class Say{
    public static void main(String args[]){
        String name = args[0];
        String word = args[1];
        System.out.println("我想对" + name + "悄悄地说:" + word);
    }
}
```

（3）运行程序，结果如图 4-4 所示。程序在运行过程中出错了，数组下标越界异常，不能正常执行。

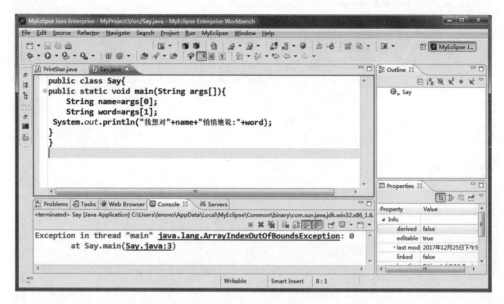

图 4-4　Say 程序运行结果(1)

（4）如图 4-5 所示，选择 Run→Run Configurations 命令，打开 Run Configurations 对话框。

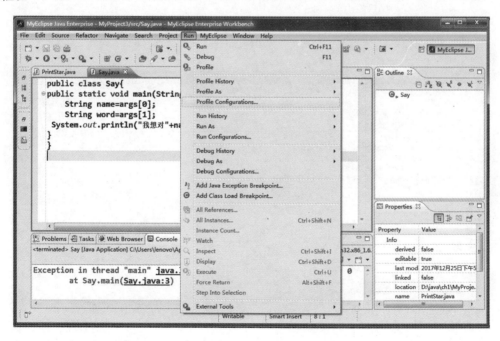

图 4-5　Run 菜单

（5）在 Run Configurations 对话框中选择 Arguments 选项卡，在 Program arguments 下的文本框中输入两个参数，如图 4-6 所示，单击 Run 按钮，运行程序。

第
4
章

数组

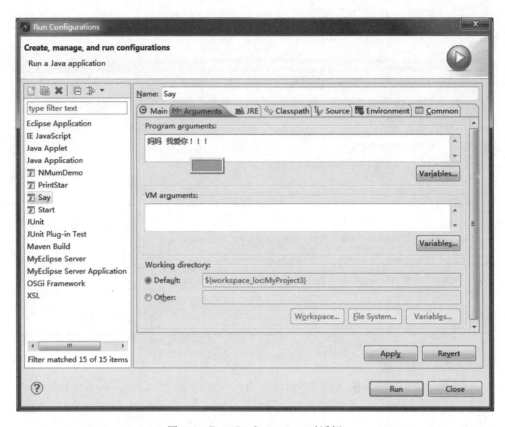

图 4-6　Run Configurations 对话框

（6）运行结果如图 4-7 所示。

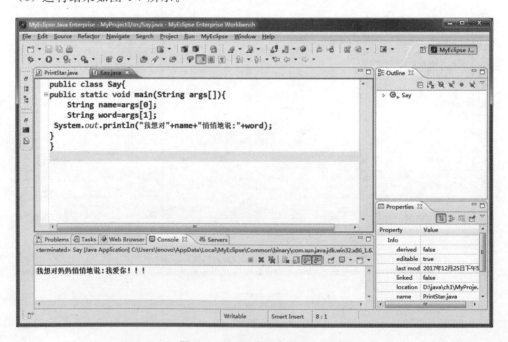

图 4-7　Say 程序运行结果（2）

（7）在命令提示符状态下运行本程序，需要选择"开始"→"运行"命令，打开"运行"对话框，在其中的文本框中输入"cmd"，打开命令提示符窗口。

（8）在命令提示符下输入 MyProject4 下的 src 目录所在的路径。

（9）输入"javac Say.java"命令编译文件，然后输入"java Say 妈妈我爱你！！！"命令运行文件。其中"妈妈"是第一个命令行参数，送给 args[0]；"我爱你！！！"是第二个命令行参数，送给 args[1]。

3. 利用 3 个命令行参数求 3 个整数的最大值

（1）在 MyProject4 项目中创建 NumMax 类。

（2）在代码编辑器中输入以下代码并补全程序段。

```
public class NumMax{
  public static void main(String args[ ]){
    int max;
    int a = Integer.parseInt(args[0]);
    int b = Integer.parseInt(args[1]);
    int c = Integer.parseInt(args[2]);
    if(a > b&&a > c)
      _____;
    else if(b > c)
      _____;
    else
      _____;
    System.out.println("三个数中最大的是: " + max);
  }
}
```

（3）在 MyEclipse 环境下运行程序，观察程序的运行结果。

（4）在命令提示符状态下运行程序，观察程序的运行结果。

（5）修改程序，完成求解两个命令行参数的最大值和最小值。

【独立练习】

调试并运行下面的程序，分析程序功能。

```
import java.util. * ;
public class TwoArray{
    public static void main(String[] args) {
        System.out.println("请输入您要初始化的数组的行数");
        Scanner sc1 = new Scanner(System.in);
        int h = sc1.nextInt();
        Arr Test = new Arr(h);
        Test.init();
        while(true)  {
            System.out.println("请选择您要的操作");
            System.out.println("输入 1 为【重新设置数组并初始化】");
            System.out.println("输入 2 为【输出当前数组中的最大值】");
```

```java
            System.out.println("输入 3 为【输出当前数组中的最小值】");
            System.out.println("输入 4 为【输出当前数组的平均值】");
            System.out.println("输入 5 为【输出当前数组的和值】");
            System.out.println("输入 6 为【输出当前数组】");
            System.out.println("输入 0 为【退出】");
            Scanner sc2 = new Scanner(System.in);
            int choice = sc2.nextInt();
            if(choice == 0) {
                System.out.println("结束");
                break;
            }
            else if (choice == 1) {
                System.out.println("请输入您要重新设置的行数");
                Scanner sc3 = new Scanner(System.in);
                int reset_h = sc3.nextInt();
                Test.setH(reset_h);
                Test.init();
            }
            else if (choice == 2) {
                System.out.println("当前数组的最大值为" + Test.max());
            }
            else if (choice == 3) {
                System.out.println("当前数组的最小值为" + Test.min());
            }
            else if (choice == 4) {
                System.out.println("当前数组的平均值为" + Test.average());
            }
            else if (choice == 5) {
                System.out.println("当前数组的和值为" + Test.total());
            }
            else if (choice == 6) {
                Test.print();
            }
            else {
                System.out.println("选择错误");
            }
        }//while
    }//main
}//class
class Arr{
    /* -------------- 成员变量 ----------------- */
    double arr[][];
     /* --------------- 方法 ------------------- */
    Arr(int h) {
        setH(h);
    }
    void setH(int h) {            //设置数组的行
        arr = new double[h][];
    }
```

```java
void setL(int h, int l) {                            //设置数组的列
    arr[h] = new double[l];
}
void init(){
    Scanner sc1 = new Scanner(System.in);
    for(int k = 0;k < arr.length;k++){
        System.out.println("请输入第" + (k + 1) + "行的列数");
        int l = sc1.nextInt();
        setL(k,l);
    }
    for (int i = 0;i < arr.length;i++){              //arr.length 表示行数
        for (int j = 0;j < arr.length;j++)  {        //arr.length 表示列数
            System.out.println("请输入数据");
            Scanner sc2 = new Scanner(System.in);
            double temp = sc2.nextDouble();
            arr[j] = temp;
        }
    }
}
double min() {
    double min = arr[0][0];
    for (int i = 0;i < arr.length;i++){              //arr.length 表示行数
        for (int j = 0;j < arr.length;j++){          //arr.length 表示列数
            if(min > arr[j]) {
                min = arr[j];
            }
        }
    }
    return min;
}
double max(){
    double max = arr[0][0];
    for (int i = 0;i < arr.length;i++){              //arr.length 表示行数
        for (int j = 0;j < arr.length;j++)  {        //arr.length 表示列数
            if(max < arr[j]) {
                max = arr[j];
            }
        }
    }
    return max;
}
double total(){                                      //求和
    double total = 0;
    for (int i = 0;i < arr.length;i++) {             //arr.length 表示行数
        for (int j = 0;j < arr.length;j++)  {        //arr.length 表示列数
            total += arr[j];
        }
    }
    return total;
}
```

```java
    double average(){                                      //求平均
        int totalNum = 0;
        for (int i = 0;i < arr.length;i++) {               //arr.length 表示行数
            totalNum += arr.length;
        }
        return (total()/totalNum);
    }
    void print(){
        for (int i = 0;i < arr.length;i++){
            System.out.println();
            for(int j = 0;j < arr.length;j++){
                System.out.print(arr[j] + "\t");
            }
        }
    }
}
```

第5章　类 和 对 象

实验 1　类与对象的创建

【实验目的】

(1) 熟练掌握类的定义。

(2) 掌握类中属性和方法的定义。

(3) 明确类与对象的关系,掌握关键字 new 的使用方法。

(4) 掌握对象的创建和引用。

【实验要求】

(1) 创建 MyProject5 项目并创建 Person 类,设置 name、sex 及 age 属性成员,设置带参构造方法及无参构造方法;设置 toString(该方法名可自定义)方法将类的 3 个属性成员转化成字符串便于输出。创建主类 CreatPerson,通过 Person 类创建对象,显示输出该对象的各种属性。

(2) 创建 MaxArray 类,并利用该类的对象求一维数组中的最大值。

(3) 创建 Circle 类并添加静态属性 r(成员变量),并定义一个常量 PI＝3.142,在类 Circle 中添加两种方法,分别计算周长和面积;编写主类 CreatCircle,利用类 Circle 输出 r＝2 时圆的周长和面积。

【实验步骤】

1. 创建项目 MyProject5 并创建 CreatPerson 类

(1) 选择 File→New→Java Project 命令,打开 New Java Project 对话框,在 Project name 文本框中输入"MyProject5",单击 Finish 按钮关闭窗口。

(2) 选择 File→New→Class 命令,打开 New Java Class 对话框,在 Name 文本框中输入"CreatPerson",分别选中 public static void main(String[] args)和 Generate comments 复选框以自动产生 main 主方法及程序的相关注释,单击 Finish 按钮。

(3) 在代码编辑器中输入以下代码,并将代码补充完整。

```
class Person {
    char sex;
    int age;
    public Person(String pName,char pSex,int pAge) {
        //以下代码完成类属性的赋值
        _____;
        _____;
        _____;
    }
    public String toString() {
        String s = "姓名: " + name + "    性别: " + sex + "    年龄: " + age;
        _____;                        //返回 s 的值
    }
}

public class CreatePerson{
    public static void main(String args[]){
        Person p1 = new Person("张三",'男',20);
        //以下代码完成定义对象 p2,各参数值分别为: 李四,女,28
        _____;
        p1.sex = '女';                              //将 p1 的 sex 属性改为女
        System.out.println(p1.toString());         //输出 p1 的各个属性
        //以下代码将 p2 的 age 改为 33
        _____;
        //以下代码输出 p2 的各个属性
        _____;
    }
}
```

(4) 调试程序,类 CreatePerson 的运行结果如图 5-1 所示。

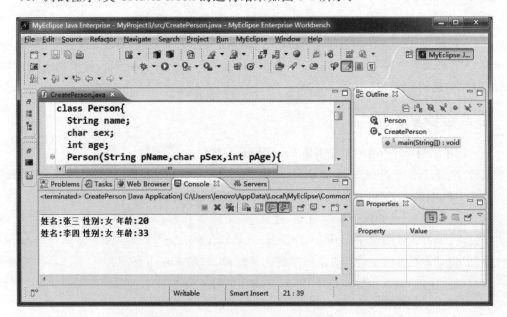

图 5-1   CreatePerson 程序运行结果

2. 创建 MaxArray 类的对象求出一维数组中的最大值

（1）选择 File→New→Class 命令，，打开 New Java Class 对话框，在 Name 文本框中输入"MaxDemo"，分别选中 public static void main（String[] args）和 Generate comments 复选框以自动产生 main 主方法及程序的相关注释，单击 Finish 按钮。

（2）在代码编辑器中输入以下代码，并将代码补充完整。

```
class MaxArray{
    int findmax(int a[ ],int n){
      int max = a[0];
      for(int i = 1;i < n;i++)
        if(a[i] > max)
          max = a[i];
      _____;              //返回 max 的值
    }
}

public class MaxDemo
    public static void main(String args[ ]){
      _____;              //利用类 MaxArray 创建对象 ob
      int a[ ] = {2,5,7,3,18,9},b[ ] = {33,43,6,12,8};
      System.out.println("数组 a 中的最大值是" + ob.findmax(a,6));
      _____;              //输出数组 b 的最大值
    }
}
```

（3）编译并运行 MaxDemo 程序，分析程序执行结果。

3. 创建 Circle 类并构建主类 CreatCircle

（1）选择 File→New→Class 命令，打开 New Java Class 对话框，在 Name 文本框中输入"CreateCircle"，分别选中 public static void main（String[] args）和 Generate comments 复选框以自动产生 main（）主方法及程序的相关注释，单击 Finish 按钮。

（2）在代码编辑器中输入以下代码，并将代码补充完整。

```
class Circle{
    _____;              //此代码用于定义静态单精度类型变量 cr
    _____;              //此代码用于定义单精度类型常量 PI = 3.142
    public float perimeter(float r){
      cr = r;
      _____;            //此代码用于返回圆周长值
    }
    public float area(float r){
      cr = r;
      _____;            //此代码用于返回圆面积值
    }
}
public class CreatCircle {
    public static void main(String[] args){
      _____;            //此代码用于定义半径 r 为单精度类型,值为 2
```

```
        float c_Perimeter;                          //定义圆周长变量 c_Perimeter
        float c_Area;                               //定义圆面积变量 c_Area
        _____;                       //创建 Circle 类对象 c
        c_Perimeter = _____;         //调用 c 对象的 perimeter 方法
        c_Area = _____;              //调用 c 对象的 area 方法

        System.out.println("半径为 2 的圆周长为:" + c_Perimeter);
        System.out.println("半径为 2 的圆面积为:" + c_Area);
    }
}
```

(3) 调试 CreateCircle 程序,程序运行结果如图 5-2 所示。

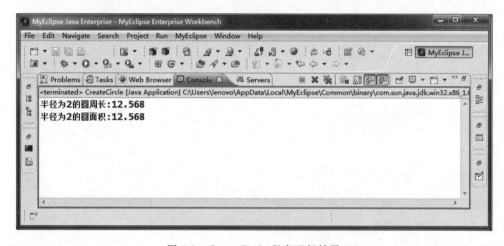

图 5-2　CreateCircle 程序运行结果

【独立练习】

设计一个 Dog 类,有名字、颜色和年龄属性。编写应用程序创建 Dog 类的对象。

实验 2　成员变量与成员方法的设计

【实验目的】

(1) 掌握 static 变量与 static 方法的使用。
(2) 掌握构造方法及一般方法的重载。
(3) 掌握关键字 this 的使用方法。

【实验要求】

(1) 对于给定的 ErrorClass 类进行调试,修改其中的错误使其能正确运行,并指出错误原因。

```
class Class1 {
    private int y;
    private void show() {
        system.out.println("show method is private");
    }
    public void usesecret() {
        show();
    }
}
public class ErrorClass{
    public static void main(String args[]) {
        Class1 Ob = new Class1 ();
        Ob.usesecret();
        Ob.show();
    }
}
```

（2）定义 Student 类,其中包括 4 个私有属性(name,age,sex,score)、一个构造方法和 show()方法。定义主类 StudentDemo 调用 Student 类中的构造方法和成员方法。各属性成员含义如下。

① 变量 name 为字符串类型 String,用于存储学生的姓名。

② 变量 age 为 int 类型,用于存储学生的年龄。

③ 变量 sex 为 boolean 类型,用于存储学生的性别,男生为 false,女生为 true。

④ 变量 score 为 double 类型,用于存储学生的成绩。

⑤ 构造方法包括 4 个参数,用于为变量(name,age,sex 和 score)赋值。

⑥ show()方法无参数,用于输出变量(name,age,sex 和 score)的值。

（3）设计程序,通过使用一个自定义类 Time 和主类 TimeDemo,实现显示当前日期和时间的功能。

（4）设计一个用来描述汽车的类 Car,使用类的非静态成员变量来表示汽车的车主姓名、当前的速率和当前方向盘的转向角度,使用类的非静态成员方法来表示改变汽车的速率和停车两个操作。

（5）创建类 Car 的对象,使用对象的方法(类的非静态方法)来访问或修改对象的变量(类的非静态变量)。

【实验步骤】

1. 对于给定的 ErrorClass 类进行修改使其能正确运行

（1）选择 File→New→Class 命令,打开 New Java Class 对话框,在 Name 文本框中输入"ErrorClass",选中 public static void main(String[] args)复选框以自动产生 main 主方法,单击 Finish 按钮。

（2）在代码编辑器中输入"实验要求(1)"中的代码。

（3）观察程序中有红色标记的代码行，查看 MyEclipse 给出的错误提示，对错误进行修改。

（4）选择 File→Save 命令保存修改，当无代码行有红色标记时，程序运行结果如图 5-3 所示。

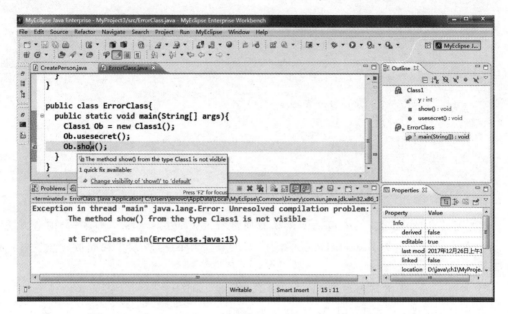

图 5-3　ErrorClass 程序运行给出的错误提示

（5）分析程序错误的原因。

2. 定义 Student 类（包括 4 个私有属性、一个构造方法和 show（）方法）

（1）选择 File→New→Class 命令，打开 New Java Class 对话框，在 Name 文本框中输入"StudentDemo"，选中 public static void main(String[] args)复选框以自动产生 main 主方法，单击 Finish 按钮。

（2）在代码编辑器中输入以下代码，并将代码补充完整。

```
class Student {
    /*
    此部分为 Student 类的私有属性成员定义
    */
    Student(String name, int age, boolean sex, double score){
        /*
    此部分为 Student 类的构造方法, 完成属性成员的赋值
    */
    }
    void show(){

        /*
    此部分为输出 Student 类的属性成员值
    */
```

```
        System.out.println(" ***************** ");
    }
}
public class StudentDemo{
    public static void main(String[] args) {
        Student s1 = new Student("张晓",18,true,89.5);
        Student s2 = new Student("米杨",17,false,98);
        /*
        此部分为 s1 及 s2 对象属性成员信息的输出
        */
    }
}
```

（3）调试程序，运行结果如图 5-4 所示。

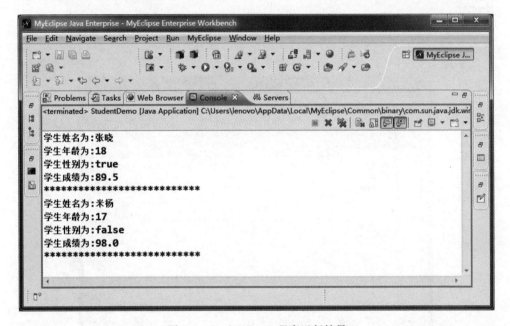

图 5-4　StudentDemo 程序运行结果

🖱知识提示　可利用 MyEclipse 集成开发环境提供的代码自动生成功能生成构造方法。在代码编辑器区域内右击，在弹出的快捷菜单中选择 Source 下的 Generate Constructor using Fields 命令，如图 5-5 所示，打开 Generate Constructor using Fields 对话框，选中构造方法中用到的属性成员，在 Access modifier 选项区域内选择对应的访问权限，如图 5-6 所示，单击 OK 按钮，完成构造方法的自动生成。

3. 自定义类 Time 和主类 TimeDemo 实现显示当前日期和时间的功能

（1）选择 File→New→Class 命令，打开 New Java Class 窗口，在 Name 文本框中输入"TimeDemo"，选中 public static void main(String[] args)复选框以自动产生 main 主方法，单击 Finish 按钮。

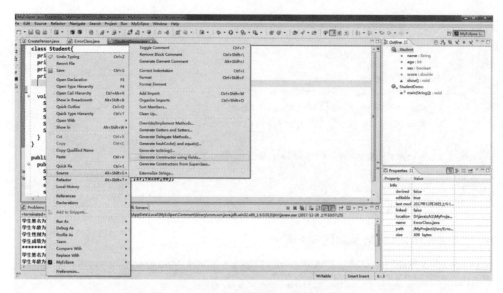

图 5-5　快捷菜单

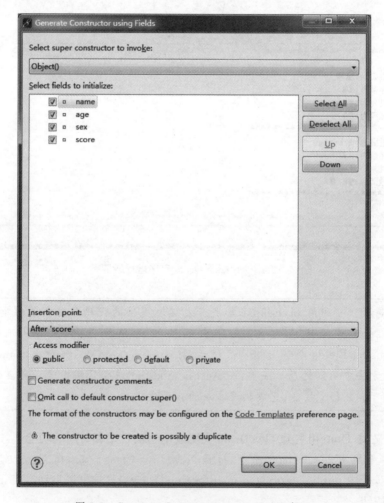

图 5-6　Generate Constructor using Fields 窗口

（2）在代码编辑器中输入以下代码，并将代码补充完整。

```
import java.util.Calendar;
class Time {
    private Calendar t;
    private int y, m, d, hh, mm, ss;
    Time ( ){
        t = Calendar.getInstance();
        y = t.get(t.YEAR);
        m = t.get(t.MONTH) + 1;
        d = t.get(t.DATE);
        hh = t.get(t.HOUR_OF_DAY);
        mm = t.get(t.MINUTE);
        ss = t.get(t.SECOND);
    }
    public String getDate() {
        return _____;        //返回当前年月日
    }
    public String getTime() {
        return _____;        //返回当前时分秒
    }
}
public class   TimeDemo{
    public static void main(String[] args){
        Time t = new Time();
        System.out.println("当前日期: " + _____);
        System.out.println("当前时间: " + _____);
    }
}
```

（3）调试程序，运行结果如图 5-7 所示。

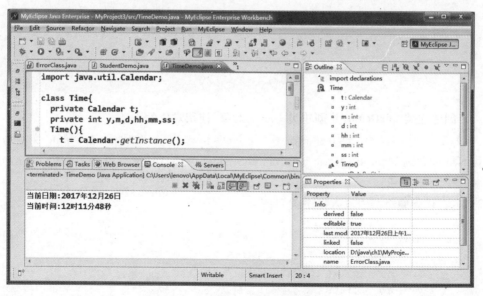

图 5-7　TimeDemo 程序运行结果

第
5
章

类和对象

4. 设计描述汽车的类 Car

（1）选择 File→New→Class 命令，打开 New Java Class 对话框，在 Name 文本框中输入"Car"，选中 public static void main(String[] args)复选框以自动产生 main()主方法，单击 Finish 按钮。

（2）在代码编辑器中输入以下代码，并将代码补充完整。

```java
public class Car {
    private String ownerName;                        //车主姓名
    private float curSpeed;                           //当前车速
    private float curDirInDegree;                     //当前方向盘转向角度
    public Car(String ownerName){
        this.ownerName = ownerName;
    }
    public Car(String ownerName, float speed, float dirInDegree){
        _____;                          //调用 Car 的含有单变量的构造函数
        this.curSpeed = speed;
        this.curDirInDegree = dirInDegree;
    }
    public String getOwnerName() {                    //提供对车主姓名的访问
        return ownerName;
    }
    public float getCurDirInDegree() {                //提供对当前方向盘转向角度的访问
        _____;                          //返回方向盘转向角度
    }
    public float getCurSpeed() {                      //提供对当前车速的访问
        _____;                          //返回车速值
    }
    public void changeSpeed(float curSpeed) {         //改变当前车速
        _____;                          //将当前方法的参数值赋值给类成员变量
    }
    public void stop(){                               //停车
        this.curSpeed = 0;
    }
}
```

5. 创建主类 CarDemo，并创建类 Car 的对象，使用对象的方法

（1）选择 File→New→Class 命令，打开 New Java Class 对话框，在 Name 文本框中输入"CarDemo"，选中 public static void main(String[] args)复选框以自动产生 main()主方法，单击 Finish 按钮。

（2）在代码编辑器中输入以下代码。

```java
public class CarDemo {
    public static void main(String[] args){
        Car myCar = new Car("苏珊",200f,25f);
        System.out.println("车主姓名: " + myCar.getOwnerName());
```

```
    System.out.println("当前车速: " + myCar.getCurSpeed());
    System.out.println("当前转向角度: " + myCar.getCurDirInDegree());
    myCar.changeSpeed(80);
    System.out.println("在调用 changeSpeed(80)后,车速变为: " +
                    myCar.getCurSpeed());
    myCar.stop();
    System.out.println("在调用 stop()后, 车速变为: " + myCar.getCurSpeed());
    }
}
```

（3）调试并运行程序,运行结果如图 5-8 所示。

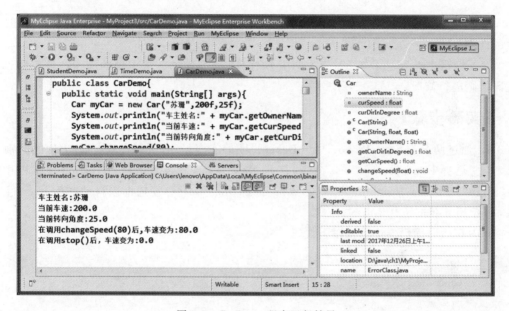

图 5-8　CarDemo 程序运行结果

【独立练习】

（1）编写一个学校类,具有属性成员变量 line（录取分数线）和对该成员变量值进行设置和获取的方法。

（2）编写一个学生类,它的属性成员变量有考生的 name（名字）、id（考号）、total（综合成绩）、sport（体育成绩）。它还有获取学生综合成绩和体育成绩的方法。

（3）编写一个录取类,它的一个方法用于判断学生是否符合录取条件。其中录取条件为:综合成绩在录取分数线之上,或体育成绩在 96 分以上并且综合成绩大于 300 分。在该类的 main()方法中,建立若干个学生对象,对符合录取条件的学生,输出其录取信息及"被录取"。

要求:学生类的构造方法带有 4 个参数,分别用于接收学生的姓名、考号、综合成绩和体育成绩。学校类仅包含静态成员属性和方法。

类和对象

实验 3 访问修饰符与静态变量及静态方法

【实验目的】

(1) 掌握访问修饰符的使用。

(2) 掌握静态变量的使用。

(3) 掌握静态方法的使用。

【实验要求】

(1) 通过 StaticDemo、MainDemo 两个类说明静态属性成员/方法与实例属性成员/方法的区别。

(2) 编写主类 MainDemo2，依次调用 StaticDemo2 中的方法求圆的面积。若有错误的代码行则进行修改。

【实验步骤】

1. 通过两个类 StaticDemo、MainDemo 说明静态变量/方法与实例变量/方法的区别

(1) 选择 File→New→Class 命令，打开 New Java Class 对话框，在 Name 文本框中输入"MainDemo"，选中 public static void main(String[] args) 复选框以自动产生 main 主方法，单击 Finish 按钮。

(2) 在代码编辑器中输入以下代码。

```java
class StaticDemo {
    static int x;
    int y;
    public static int getX() {
        return x;
    }
    public static void setX(int newX) {
        x = newX;
    }
    public int getY() {
        return y;
    }
    public void setY(int newY) {
        y = newY;
    }
}
public class MainDemo{
    public static void main(String[] args) {
        System.out.println("静态变量 x = " + StaticDemo.getX());
        System.out.println("实例变量 y = " + StaticDemo.getY());   //非法，编译时将出错
        StaticDemo a = new StaticDemo();
```

```
        StaticDemo b = new StaticDemo();
        a.setX(1);a.setY(2);b.setX(3);b.setY(4);
        System.out.println("静态变量 a.x = " + a.getX());
        System.out.println("实例变量 a.y = " + a.getY());
        System.out.println("静态变量 b.x = " + b.getX());
        System.out.println("实例变量 b.y = " + b.getY());
    }
}
```

（3）对上面的源程序进行编译，观察出错提示，如图 5-9 所示。

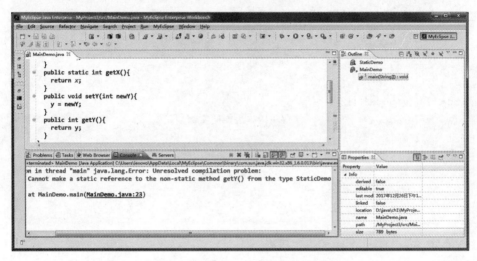

图 5-9　MainDemo 程序运行结果

（4）将源程序中的出错语句删除或使用注释符"//"隐藏起来。

（5）重新编译并运行该程序，结果如图 5-10 所示。

（6）思考语句错误的原因。

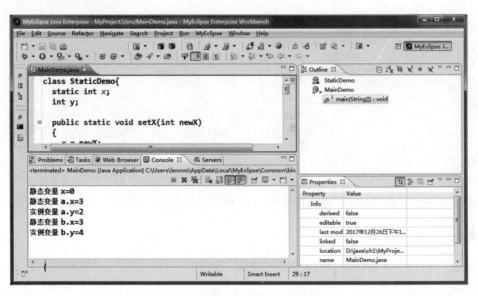

图 5-10　重新编译后的运行结果

类和对象

2. 编写主类 MainDemo2 并依次调用 StaticDemo2 中的方法求圆的面积

(1) 选择 File→New→Class 命令,打开 New Java Class 对话框,在 Name 文本框中输入"StaticDemo2",单击 Finish 按钮。

(2) 在代码编辑器中输入以下代码。

```
public class StaticDemo2{
    static double pi = 3.14;        //用 static 定义的变量称为静态变量或类变量
    double pix = 3.14;             //没用 static 定义的变量称为实例变量或对象变量
    double  getArea(){             //实例方法
        return pi * 3 * 3;         //类变量,实例方法能用类变量
    }
    static double getArea1(){
        return pi * 3 * 3;         //类方法能用类变量
    }
    double  getArea2(){
        return pix * 3 * 3;        //实例方法能用实例变量
    }
    static double getArea3(){
        return pix * 3 * 3;        //类方法不能用实例变量
    }
}
```

(3) 修改 StaticDemo2 中的语法错误。

(4) 选择 File→New→Class 命令,打开 New Java Class 窗口,在 Name 文本框中输入"MainDemo2",选中 public static void main(String[] args)复选框以自动产生 main()主方法,单击 Finish 按钮。

(5) 在代码编辑器中输入以下代码,并将代码补充完整。

```
public class MainDemo2 {
    public static void main(String args[]){
        _____;    //通过类调用 StaticDemo2 中的方法,并输出返回值
        _____;    //创建 StaticDemo2 类的对象 sd
        _____;    //通过 sd 调用 StaticDemo2 中的 getArea()方法,并输出返回值
        _____;    //通过 sd 调用 StaticDemo2 中的 getArea1()方法,并输出返回值
        _____;    //通过 sd 调用 StaticDemo2 中的 getArea1()方法,并输出返回值
    }
}
```

(6) 编译并运行程序,运行结果如图 5-11 所示。

【独立练习】

调试并运行下列程序,分析程序运行结果。

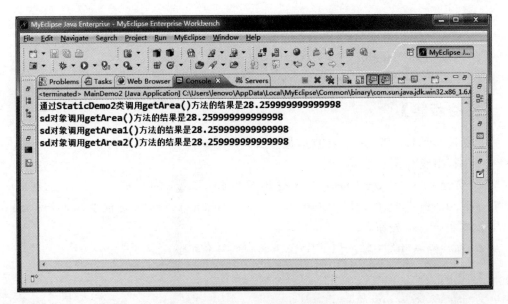

图 5-11　MainDemo2 程序运行结果

```
package pkg1;
public class Jupiter{
    void method1(){
        System.out.println("In Jupiter");
    }
    public void call(){
        method1();
    }
}
package pkg2;
import pkg1.Jupiter;
public class Minerva extends Jupiter{
    public void method1(){
        System.out.println("In Minerva");
    }
    public static void main(String[] args) {
        new Minerva().call();
    }
}
```

实验 4　方法的重载

【实验目的】

(1) 掌握成员方法的重载。

(2) 掌握构造方法的重载。

【实验要求】

（1）通过 OverloadDemo 类，实现成员方法 print()的重载。

（2）编写 Employee 类，实现构造方法的重载。

【实验步骤】

1. 通过 OverloadDemo 类，实现成员方法 print()的重载（根据参数的不同，分别输出字符串或整数）

（1）选择 File→New→Class 命令，打开 New Java Class 对话框，在 Name 文本框中输入"OverloadDemo"，选中 public static void main(String[] args)复选框以自动产生 main()主方法，单击 Finish 按钮。

（2）在代码编辑器中输入以下代码，并将代码补充完整。

```
public class OverloadDemo {
    public static void print(String str){
        _____;        // 输出字符串 str
    }
    public static void print(int i){
        _____;        // 输出整数 i
    }
    public static void main(String[] args) {
        print("123");
        print(123);
    }
}
```

（3）调试并运行程序，运行结果如图 5-12 所示。

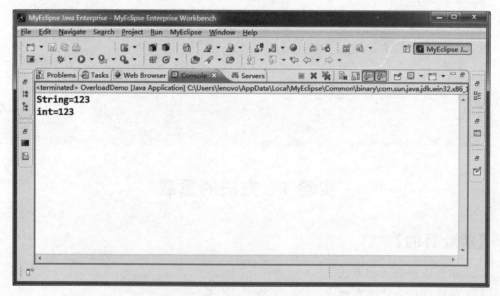

图 5-12　OverloadDemo 程序运行结果

2. 通过 Employee 类实现其构造方法的重载

（1）选择 File→New→Class 命令，打开 New Java Class 对话框，在 Name 文本框中输入"Employee"，选中 public static void main(String[] args)复选框以自动产生 main 主方法，单击 Finish 按钮。

（2）在代码编辑器中输入以下代码，并将代码补充完整。

```java
public class Employee {
    String name;
    int salary;
    Employee(String n, int s){
        _____;          // 给变量 name 赋值
        _____;          // 给变量 salary 赋值
    }
    Employee(String n){
        _____;          // 给变量 name 赋值
    }
    void print(){
        System.out.println("name:" + name);
        System.out.println("salary:" + salary);
    }
    void setSalary(int s){
        _____;          // 给变量 salary 赋值
    }
    public static void main(String[] args) {
        Employee e1 = new Employee("Tom",5000);
        Employee e2 = new Employee("Jerry");

        e1.print();
        e2.setSalary(3000);
        e2.print();
    }
}
```

（3）调试并运行程序，运行结果如图 5-13 所示。

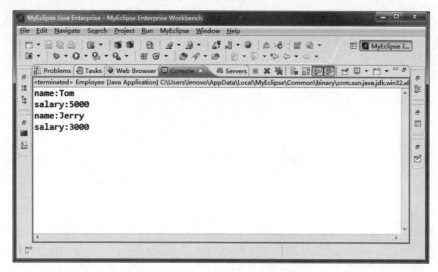

图 5-13　Employee 程序运行结果

【独立练习】

（1）设计加法类 Addition，根据所给参数类型的不同（如整型或浮点型），实现整型加和浮点加。

（2）设计学生类 Student，包含姓名、学号、年龄、性别属性，分别用有参和无参构造方法来实例化对象，并输出其属性值。

第6章 类和对象的扩展

实验1 类 的 继 承

【实验目的】

(1) 掌握父类及子类的关系及创建方法。

(2) 掌握上转型对象的使用方法。

(3) 掌握子类对象创建过程中与父类构造方法的关系。

【实验要求】

(1) 阅读如下所示的 3 个 Java 类的定义,分析它们之间的关系,写出运行结果。

```java
import java.io.*;
class SuperClass {
    int x;
    SuperClass() {
        x = 3;
        System.out.println("in SuperClass : x = " + x);
    }
    void doSomething() {
        System.out.println("in SuperClass.doSomething()");
    }
}
class SubClass extends SuperClass {
    int x;
    SubClass() {
        super();                 //调用父类的构造方法
        x = 5;                   //super() 要放在方法中的第一句
        System.out.println("in SubClass :x = " + x);
    }
    void doSomething() {
        super.doSomething();     //调用父类的成员方法
        System.out.println("in SubClass.doSomething()");
        System.out.println("super.x = " + super.x + " sub.x = " + x);
```

```
        }
    }

public class Inheritance {
    public static void main(String args[]) {
        SubClass subC = new SubClass();
        subC.doSomething();
    }
}
```

（2）创建公共类 People，People 类具有以下属性成员变量。

① 姓名（字符串类型，变量名为 name）。

② 年龄（整型，变量名为 age）。

③ 性别（字符串类型，变量名为 sex）。

People 类具有的方法如下：

① People 的无参构造方法用于输出"＊＊＊＊＊创建了父类对象＊＊＊＊!"。

② 重写 People 类的构造方法，该方法含有一个字符串类型的变量 name，用于输出变量 name 的值及"创建了父类对象!"。

③ eat 方法用于输出"开始吃饭了!!!"。

④ sleep 方法用于输出"我已经睡着了!!!"。

⑤ work 方法用于输出"我开始工作了!!!"。

（3）创建公共类 People 的子类 Stud，其属性成员变量如下。

① 学生学号（字符串类型、变量名为 snum）。

② 学生年级（字符串类型、变量名为 grade）。

Stud 子类具有的方法如下：

① 含有一个参数的构造方法，该参数为字符串类型的变量 name，用于输出变量 name 的值及"创建了子类对象!"。

② work 方法调用父类的 work 方法，并输出"我上学去了!"。

③ exam 方法用于输出"痛苦的历程开始了——考试"。

（4）创建主类 JCDemo 用于创建 People 类及 Stud 子类对象并调用其方法。

（5）在父类 People 中添加 setName、setAge 及 setSex 方法，分别用于给 name、age 及 sex 成员变量赋值。

（6）在 JCDemo 主类中使用 setName、setAge 及 setSex 方法。

（7）调试 PicDemo 类，分析程序功能。

（8）创建主类 M1 并将代码补充完整，理解创建新类 B（通过继承现有类 A）的方法，使新类 B 具有类 A 的功能，并添加新的功能，编写主类考查通过继承创建的子类 B 与父类 A 的关系。

【实验步骤】

1. 创建主类 Inheritance 及其子类

（1）选择 File→New→Java Project 选项，打开 New Java Project 对话框，在 Project name 文本框中输入"MyProject6",单击 Finish 按钮关闭窗口。

（2）选择 File→New→Class 命令，打开 New Java Class 对话框，在 Name 文本框中输入"Inheritance"，单击 Finish 按钮。

（3）在代码编辑器中输入"实验要求（1）"中的代码。

（4）编译运行程序，分析程序运行结果，运行结果如图 6-1 所示。

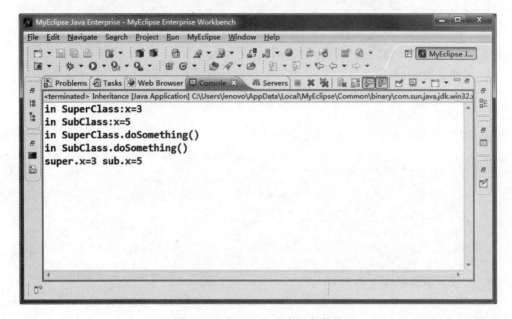

图 6-1　Inheritance 程序运行结果

2. 创建公共类 People

（1）选择 File→New→Class 命令，打开 New Java Class 对话框，在 Name 文本框中输入"People"，单击 Finish 按钮。

（2）在代码编辑器中输入以下代码，并将代码补充完整。

```
public class People {
    String name;
    int age;
    String sex;
    / *
    此处为无参构造方法
    * /

    / *
    此处为含有单个参数的构造方法
    * /

    / *
    此处为 eat 方法
    * /
```

类和对象的扩展

```
    /*
    此处为 sleep 方法
    */

    /*
    此处为 work 方法
    */
}
```

（3）单击 Save 按钮完成代码保存。

3. 创建子类 Stud

（1）选择 File→New→Class 命令，打开 New Java Class 对话框，在 Name 文本框中输入"Stud"，单击 Finish 按钮。

（2）在代码编辑器中输入 Stud 子类的代码。

```
public class Stud extends People {

    /*
    此处为 Stud 子类的定义
    */
}
```

4. 按以下步骤创建主类 JCDemo

（1）选择 File→New→Class 命令，打开 New Java Class 对话框，在 Name 文本框中输入"JCDemo"，选中 public static void main(String args)复选框，单击 Finish 按钮。

（2）在代码编辑器中输入 JCDemo 主类的代码。

```
public class JCDemo {
    public static void main(String args[]){
        People sushan = new People("苏珊");
        Stud lili = new Stud ("李莉");
        People zhaotian = new Stud ("赵天");
        //去掉下一行注释符,观察是否有错误,分析原因
        //Stud   aimoli = new People();

        sushan.eat();
        sushan.sleep();
        sushan.work();

        lili.exam();
        lili.eat();
        lili.work();

        zhaotian.work();
        Stud s1 = (Stud)zhaotian;
        s1.exam();
    }
}
```

（3）分析主类中创建的对象，分析每个对象所属的类。

（4）分析创建子类对象时，是否要先创建父类对象。

（5）编译并运行程序，观察运行结果。运行结果如图 6-2 所示。

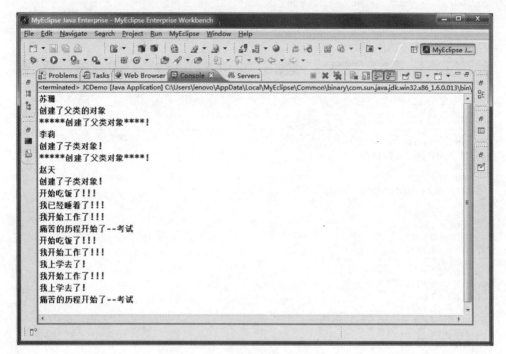

图 6-2　JCDemo 程序运行结果（1）

5. 在父类 People 中添加 setName()、setAge()及 setSex()方法

（1）在 MyEclipse 窗口的代码编辑区中双击 People.java 选项卡，在打开的 People 类中修改代码。

（2）主要增加的 3 个方法结构如下。

```
public void setName(String name){
    //此处代码用于给成员变量 name 赋值
}
public void setAge(int age){
    //此处代码用于给成员变量 age 赋值
}
public void setSex(String sex){
    //此处代码用于给成员变量 sex 赋值
}
```

6. 在 JCDemo 主类中使用 setName()、setAge()及 setSex()方法

（1）在 MyEclipse 窗口的代码编辑区中双击 JCDemo.java 选项卡，在打开的 JCDemo 类中修改代码。

（2）主要增加的语句内容如下。

类和对象的扩展

```
s1.setName("高峰");
s1.setAge(19);
s1.setSex("男");
System.out.println("姓名:" + s1.name + " 年龄:" + s1.age + " 性别:" + s1.sex);
```

（3）编译并运行程序，运行结果如图 6-3 所示。

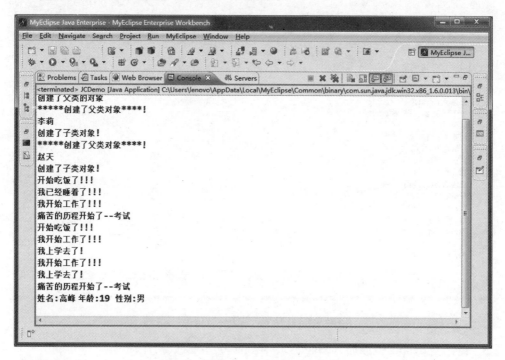

图 6-3　JCDemo 程序运行结果(2)

（4）重新组织 People 类、Stud 类及主类 JCDemo 的内容，完成对各个类的成员变量的赋值及输出。

7. 调试 PicDemo 程序，分析程序功能

（1）选择 File→New→Class 命令，打开 New Java Class 对话框，在 Name 文本框中输入"PicDemo"，选中 public static void main(String[] args)复选框，单击 Finish 按钮。

（2）在代码编辑器中输入 PicDemo 主类及 Point 类、Line 类的代码。

```java
class Point {
    protected int x, y;
    Point(int a, int b) {
        setPoint(a, b);
    }
    public void setPoint(int a, int b) {
        x = a;
        y = b;
    }
}
```

```
class Line extends Point {
    protected int x, y;
    Line( int a, int b) {
        super(a, b);
        setLine(a, b);
    }
    public void setLine( int x, int y) {
        this.x = x + x;
        this.y = y + y;
    }
    public double length() {
        int x1 = super.x, y1 = super.y, x2 = this.x, y2 = this.y;
        return Math.sqrt((x2 - x1) * (x2 - x1) + (y2 - y1) * (y2 - y1));
    }
    public String toString() {
        return "直线端点: [" + super.x + "," + super.y + "] [" +
                x + "," + y + "] 直线长度: " + this.length();
    }
}
public class PicDemo{
    public static void main(String args[]) {
        Line line = new Line(50, 50);
        System.out.println("\n" + line.toString());
    }
}
```

（3）编译并运行程序，运行结果如图 6-4 所示。

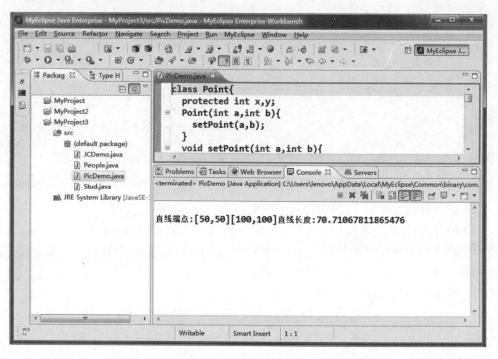

图 6-4　PicDemo 程序运行结果

8. 创建主类 M1 并输入相应代码并分析程序功能

（1）选择 File→New→Class 命令，打开 New Java Class 对话框，在 Name 文本框中输入"M1"，单击 Finish 按钮。

（2）在代码编辑器中输入以下代码，并将代码补充完整。

```java
class A{
    int i,j;
    void showij(){
        System.out.println("i and j:" + i + " " + j);
    }
}


class B _____ {                                    //B 类继承 A 类的属性和方法
    int k;
    void showk(){
        System.out.println("k:" + k);
    }
    void sum(){
        System.out.println("i+j+k:" + (i + j + k));
    }
}


public class M1{
    public static void main(String args[]){
        A father = new A();
        B son = new B();
        father.i = 10;
        father.j = 20;
        _____;                             //使用父类 A 中的方法
        son.i = 7;
        son.j = 8;
        son.k = 9;
        _____ ;                            //使用子类 B 从父类 A 中继承的方法
        _____;                             //使用子类 B 新增的方法 showk()
        son.sum();
    }
}
```

（3）编译并运行程序，分析程序运行结果。

（4）将父类 A 中的成员变量 i 声明为 private，编译时观察有哪几处错误。

（5）在子类 B 中添加语句"int i,j;"（对父类 A 中的同名变量 i,j 进行了重新定义）观察运行结果有什么不同，为什么？ 这种现象称为什么？

（6）在子类 B 中添加成员方法：

```java
void showij(){System.out.println ("覆盖了父类的成员方法");}
```

（对父类 A 中的同名方法进行重新定义）观察运行结果有什么不同，为什么？ 这种现象称为什么?

【独立练习】

(1) 在 MyProject6 项目中创建 HardWork 主类,在代码编辑器中输入以下代码,并将代码补充完整,编译并运行。

```
abstract class Employee{
    public abstract double earnings();
}
class YearWorker extends Employee{
    _____;                //重写 earnings()方法
}
class MonthWorker extends Employee{
    _____;                //重写 earnings()方法
}
class WeekWorker extends Employee{
    _____;                //重写 earnings()方法
}
class Company{
    Employee[] employee;
    double salaries = 0;
    Company(Employee[] employee) {
        this.employee = employee;
    }
    public double salariesPay() {
        salaries = 0;
        _____;             //计算 salaries
        return salaries;
    }
}
public class HardWork{
    public static void main(String args[])   {
        Employee[] employee = new Employee[20];
        for(int i = 0;i < employee.length;i++)   {
            if(i % 3 == 0)
                employee[i] = new WeekWorker();
            else if(i % 3 == 1)
                employee[i] = new MonthWorker();
            else if(i % 3 == 2)
                employee[i] = new YearWorker();
        }
        Company   company = new Company(employee);
        System.out.println("公司年工资总额:" + company.salariesPay());
    }
}
```

(2) 在 MyProject6 项目中创建主类 EnterDemo,并输入以下代码进行编译调试。指出构造方法重载时要注意的问题。

类和对象的扩展

```
class RunDemo {
    private String userName, password;
    RunDemo() {
        System.out.println("全部为空!");
    }
    RunDemo(String name) {
        userName = name;
    }
    RunDemo(String name, String pwd) {
        this(name);
        password = pwd;
        check();
    }
    void check() {
        String s = null;
        if (userName!= null)
            s = "用户名: " + userName;
        else
            s = "用户名不能为空!";
        if (password!= "12345678")
            s = s + " 口令无效!";
        else
            s = s + " 口令: ******** ";
        System.out.println(s);
    }
}
public class EnterDemo{
    public static void main(String[] args) {
        new RunDemo();
        new RunDemo("张三");
        new RunDemo(null,"李四");
        new RunDemo("王五","12345678");
    }
}
```

（3）在 MyProject6 项目中创建主类 TestJC，并输入以下代码进行编译调试。注意子类对象创造时对父类构造方法的调用。

```
class Base {
    int i;
    Base() {
        add(1);
    }
    void add(int v) {
        i += v;
    }
    void print() {
        System.out.println(i);
```

```
    }
}
class Son extends Base {
    Son() {
        add(2);
    }
    void add(int v) {
        i += v * 2;
    }
}
public class TestJC {
    public static void main(String args[]) {
        bogo(new Son());
    }
    static void bogo(Base b) {
        b.add(8);
        b.print();
    }
}
```

实验 2　多态与接口

【实验目的】

（1）掌握抽象类与抽象方法的概念。

（2）掌握多态的实现原理及方法。

（3）了解成员变量的隐藏。

（4）掌握接口的设计方法

（5）掌握包的创建及使用方法。

【实验要求】

（1）设计 3 个类，分别是学生类 Student、本科生类 Undergraduate、研究生类 Postgraduate，其中 Student 类是一个抽象类，它包含一些基本的学生信息，如姓名、所学课程、课程成绩等，而 Undergraduate 类和 Postgraduate 都是 Student 类的子类，它们之间的主要差别是计算课程成绩等级的方法有所不同，研究生的标准要比本科生的标准高一些，如表 6-1 所示。

表 6-1　课程成绩等级

本科生标准		研究生标准	
80～100 分	优秀	90～100 分	优秀
70～80 分	良好	80～90 分	良好

类和对象的扩展

本科生标准		研究生标准	
60～70 分	中等	70～80 分	中等
50～60 分	及格	60～70 分	及格
50 分以下	不及格	60 分以下	不及格

假设某班级中既有本科生也有研究生,请编写程序统计出全班学生的成绩等级并显示出来。

(2) 运行并分析下面的程序。

① 结合本例说明什么是接口,接口的性质及使用接口时应注意哪些事情。

② 说明该程序中接口的继承关系,与类的继承有什么区别。

```java
interface InterfaceA{
    int a = 3;
    void funcA(int x);
}
interface InterfaceB{
    double b = 3.5;
    void funcB(double y);
}
interface InterfaceC extends InterfaceA,InterfaceB{
    int c = 10;
    void funcC();
}
class H1 implements InterfaceC{
    public void funcA(int x){
        System.out.println("x = " + x);
    }
    public void funcB(double y){
        System.out.println("y = " + y);
    }
    public void funcC(){
        System.out.println(c);
    }

    public static void main(String[] s){
        H1 h1 = new H1();
        h1.funcA(c);
        h1.funcB(b);
        h1.funcC();
    }
}
```

(3) 上网浏览 Java 的 API 文档。

(4) 运行并分析下面的程序。

① 创建目录结构 D:\java_user\p1\p2。

② 在 D:\java_user\p1\p2 目录下建立文件 YMD.java。

```
package p2;
import java.util. * ;

public class YMD{
    private int year,month,day;
    public static void main(String[] args){
    }
    public YMD(int y,int m,int d){
        year = y;
        month = (((m>=1)&&(m<=12))? m:1);
        day = (((d>=1)&&(d<=31))? d:1);
    }
     public YMD(){
        this(0,0,0);
    }
    public static int thisyear(){
        return(Calendar.getInstance().get(Calendar.YEAR));
    }
    public int year(){
        return(year);
    }
    public String toString(){
        return(year + " - " + month + " - " + day);
    }
}
```

③ 在 D:\java_user\p1 目录下建立文件 P3.java。

```
import p2.YMD;
public class P3{
    private String name;
    private YMD birth;
    public static void main(String[] args){
        P3 a = new P3("张驰",1990,1,11);
        a.output();
    }
    public P3(String n1,YMD d1){
        name = n1;
        birth = d1;
    }
    public P3(String n1,int y,int m,int d){
        this(n1,new YMD(y,m,d));
    }
    public int age(){
        return(YMD.thisyear() - birth.year());
    }
    public void output(){
        System.out.println("姓名:" + name);
        System.out.println("出生日期:" + birth.toString());
```

```
        System.out.println("年龄: " + age());
    }
}
```

④ 在 CLASSPATH 环境变量中增加 D:\java_user\p1\p2。

⑤ 在 p2 中编译 YMD.java 得到 YMD.class。

⑥ 在 p1 中编译 P3.java 得到 P3.class。

⑦ 在 p1 中运行 P3 程序。

（5）完成给定程序中主类中的主方法，内容包括：

① 用类 Intsort 创建对象 s。

② 显示输出两个数的排序 10、25。

③ 显示输出三个数的排序 10、25、17。

（6）在程序中声明一个自定义接口 NL，用来计算一个人的年龄，并在主类 PersonNL 中引用接口中的方法。

【实验步骤】

1. 创建主类 Polymorphism 及 Student 类、Undergraduate 类和 Postgraduate 类

（1）选择 File→New→Class 命令，打开 New Java Class 对话框，在 Name 文本框中输入"Polymorphism"，单击 Finish 按钮。

（2）在代码编辑器中输入以下代码，并将代码补充完整。

```
abstract class Student {
    _____;          //设置整型静态常量 CourseNo 的初值为 3
    String type;
    String name;
    int[] courses;
    String courseGrade;

    public Student(String name) {
        this.name = name;
        courses = new int[CourseNo];
        _____;       //设置 courseGrade 的初值为 null
    }

    public abstract void calculateGrade();   //此行代码的作用是什么?具体实现在哪儿
    public String getType() {
        _____;               //返回类型
    }

    public void setType(String type) {
        _____;               //将参数 type 的值赋给成员变量 type
    }
    public String getName() {
        return name;
    }
```

```java
    public void setName(String name) {
        this.name = name;
    }
    public int[] getCourses() {
        return courses;
    }
    public void setCourses(int[] courses) {
        _____;                    //将参数 courses 的值赋给成员变量 courses
    }
    public int getCourseScore(int courseNumber) {
        return courses[courseNumber];
    }
    public void setCourseScore(int courseNumber, int courseScore) {
        this.courses[courseNumber] = courseScore;
    }
    public String getCourseGrade() {
        return courseGrade;
    }
    public void setCourseGrade(String courseGrade) {
        this.courseGrade = courseGrade;
    }
}

class Undergraduate extends Student{

    public Undergraduate(String name) {
        _____;                    //调用父类的构造方法
        type = "本科生";
    }
    public void calculateGrade() {
        int total = 0;
        double average = 0;
        for(int i = 0; i < CourseNo; i++){
            _____;                //求成绩和
        };
        average = _____;          //求平均值
        if(_____)                 //成绩在 80～100 分之间
            courseGrade = "优秀";
        else if(average >= 70&&average < 80)
            courseGrade = "良好";
        else if(average >= 60&&average < 70)
            courseGrade = "中等";
        else if(average >= 50&&average < 60)
            courseGrade = "及格";
        else courseGrade = "不及格";
    }
}

class Postgraduate _____ {       //继承 Student 类
    public Postgraduate(String name) {
```

```java
            super(name);
            type = "研究生";
        }
    public void calculateGrade() {
        int total = 0;
        double average = 0;
        for(int i = 0;i < CourseNo;i++){
            total += courses[i];
        };
        average = total/CourseNo;
        if(average >= 90&&average < 100)
            courseGrade = "优秀";
        else if(average >= 80&&average < 90)
            courseGrade = "良好";
        else if(average >= 70&&average < 80)
            courseGrade = "中等";
        else if(average >= 60&&average < 70)
            courseGrade = "及格";
        else courseGrade = "不及格";
    }
}


public class Polymorphism {
    public static void main(String[] args) {
        _____;                    // 创建 students 数组,共 5 个元素
        students[0] = new Undergraduate("陈建平");
        students[1] = new Undergraduate("鲁向东");
        students[2] = new Postgraduate("匡晓华");
        students[3] = new Undergraduate("周丽娜");
        students[4] = new Postgraduate("梁欣欣");
        for(int i = 0;i < 5;i++){
            students[i].setCourseScore(0, 87);
            students[i].setCourseScore(1, 90);
            students[i].setCourseScore(2, 78);
        }
        for(int i = 0;i < 5;i++){
            students[i].calculateGrade();
        }
        System.out.println("姓名" + "   类型" + "   成绩");
        System.out.println(" ---------------------- ");
        for(int i = 0;i < 5;i++){
            System.out.println(students[i].getName() + "   " +
                    students[i].getType() + "   " +
                    students[i].getCourseGrade());
        }
    }
}
```

(3) 编译并运行程序,观察程序运行结果。

2. 运行并分析程序

（1）选择 File→New→Class 命令，打开 New Java Class 对话框，在 Name 文本框中输入"H1"，单击 Finish 按钮。

（2）在代码编辑器中输入"实验要求（2）"中的代码。

（3）编译并运行程序，观察程序运行结果。

（4）结合本例说明什么是接口，接口的性质及使用接口时应注意哪些事情。

（5）说明该程序中接口的继承关系，与类继承有什么区别。

3. 上网并浏览 Java 的 API 文档

（1）打开 IE 浏览器，在地址栏中输入"http://download.oracle.com/javase/8/docs/api/"。

（2）查看 Java 系统提供的 Java API 文档的主要内容并了解其结构。

（3）查看 IOException 类，如图 6-5 所示。

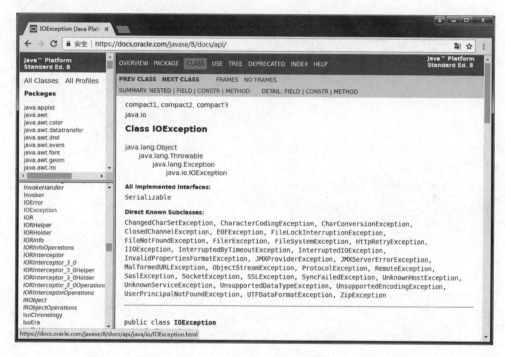

图 6-5　IOException 类说明

4. 运行并分析程序

（1）创建 D:\java_user\p1\p2 目录结构。

（2）在 D:\java_user\p1\p2 建立文件 YMD.java。选择"开始"→"所有程序"→"附件"→"记事本"命令，在"记事本"窗口中输入"实验要求（4）"中的代码，选择"文件"→"保存"命令，在弹出的对话框中选择保存目录为"D:\java_user\p1\p2"，输入文件名为"YMD.java"。

（3）按步骤（2）中的方法在 D:\java_user\p1 建立文件 P3.java，按"实验要求（4）"输入 P3.java 文件的内容。

（4）右击"计算机"图标，在弹出的快捷菜单中选择"属性"命令，在打开的"系统"窗口中选择"高级系统设置"选项，打开"系统属性"对话框，单击"高级"选项卡中"环境变量"按钮，

类和对象的扩展

在弹出的"环境变量"对话框的"系统变量"选项区域中选择 CLASSPATH 环境变量,单击
"编辑"按钮,在 CLASSPATH 中增加 D:\java_user\p1\p2。

(5)选择"开始"→"所有程序"→"附件"→"运行"命令,在打开的"运行"对话框中输入
"cmd"进入命令提示符窗口。进入 D:\java\p1\p2 目录,利用 javac 命令编译 YMD.java 得
到 YMD.class。

(6)进入 D:\java\p1 目录,利用 javac 命令编译 P3.java 得到 P3.class。

(7)进入 D:\java\p1 目录,利用 java 命令运行 P3 程序。

5. 完成程序中主类中的主方法

(1)选择 File→New→Class 命令,打开 New Java Class 对话框,在 Name 文本框中输
入"M1",单击 Finish 按钮。

(2)在代码编辑器中输入以下代码,并将代码补充完整。

```
class Intsort{
    public String sort(int a, int b){          //定义两个数排序的方法
        if(a > b)
            return a + " " + b;
        else
            return b + " " + a;
    }
    public String sort(int a, int b, int c){   //定义3个数排序的方法
        int swap;
        if(a < b){swap = a;a = b;b = swap;}
        if(a < c){swap = a;a = c;c = swap;}
        if(b < c){swap = b;b = c;c = swap;}
        return a + " " + b + " " + c;
    }
}

public class M1{                               //定义主类考查 Intsort 类中的方法
    public static void main(String args[]){
        _____;                   //创建 Intsort 类的对象 s
        _____;                   //输出 10、25 两个数的排列次序
        _____;                   //输出 10、25、17 这3个数的排列次序
    }
}
```

(3)编译并运行程序,观察运行结果。

6. 自定义接口 NL 并创建主类引用 NL 接口方法

(1)选择 File→New→Class 命令,打开 New Java Class 对话框,在 Name 文本框中输
入"PersonNL",单击 Finish 按钮。

(2)在代码编辑器中输入以下代码,并将代码补充完整。

```
_____ NL{                        //定义接口
    int year = 2010;
    int age();
```

```
    void output();
}

public class PersonNL _____ {            //实现接口
    _____;                               //类自己的成员变量(姓名)
    _____;                               //类自己的成员变量(出生日期)
    public _____ String n1,int y){       //类构造方法
        xm = n1;
        csrq = y;
    }

    public int age(){                                   //实现接口的方法
        return year − csrq;                             //这里直接使用了接口中的常量 year
    }
    public void output() {                              //实现接口的方法
        System. out. println(this. xm + "今年的年龄是" + this. age() + "岁");
    }
    public static void main (String args[])             //类自己的成员方法
    {
        NL a = new PersonNL("张三",1990);
        a. output();
    }
}
```

（3）编译并运行程序，观察运行结果。

【独立练习】

（1）分别编写两个类 Point2D 和 Point3D 来表示二维空间和三维空间的点，使之满足下列要求。

① Point2D 有两个整型成员变量 x、y(分别为二维空间的 X、Y 方向坐标)，Point2D 的构造方法要实现对其成员变量 x、y 的初始化。

② Point2D 有一个 void 型成员方法 offset(int a, int b)，它可以实现 Point2D 的平移。

③ Point3D 是 Point2D 的直接子类，它有 3 个整型成员变量 x、y、z（分别为三维空间的 X、Y、Z 方向坐标），Point3D 有两个构造方法：Point3D(int x, int y, int z)和 Point3D(Point2D p,int z)，两者均可实现对 Point3D 属性成员变量 x、y、z 的初始化。

④ Point3D 有一个 void 型成员方法 offset(int a, int b, int c)，该方法可以实现 Point3D 的平移。

⑤ 在 Point3D 中的主函数 main()中实例化两个 Point2D 的对象 p2d1、p2d2，打印出它们之间的距离，再实例化两个 Point2D 的对象 p3d1、p3d2，打印出它们之间的距离。

（2）学校中有老师和学生两类人，而在职研究生既是老师又是学生，对学生的管理和对教师的管理在他们身上都有体现。

① 设计两个信息管理接口 StudentInterface 和 TeacherInterface。其中，StudentInterface 接口包括 setFee()方法和 getFee()方法，分别用于设置和获取学生的学费；TeacherInterface 接口包括 setPay()方法和 getPay()方法，分别用于设置和获取教师的工资。

类和对象的扩展

② 定义一个研究生类 Graduate,实现 StudentInterface 接口和 TeacherInterface 接口,它定义的成员变量有 name(姓名)、sex(性别)、age(年龄)、fee(每学期学费)、pay(月工资)。

③ 创建一个姓名为"zhangsan"的研究生,统计他的年收入和学费,如果收入减去学费不足 2000 元,则输出"provide a loan"(需要贷款)信息。

提示:

① 定义两个接口,分别在其中声明两个方法。

② 定义主类 Graduate,实现这两个接口。

③ 定义主类的成员变量和构造方法。

④ 给出 4 个接口方法的实现。

⑤ 给出一个计算是否需要贷款的方法,在里面统计年收入和学费,并输出是否需要贷款的信息。

⑥ 写 main 方法。在里面创建一个姓名为"zhangsan"的研究生,调用计算是否需要贷款的方法。

实验 3 内部类与外部类

【实验目的】

(1) 掌握内部类的定义方法。

(2) 掌握内部类与外部类间的关系。

(3) 重点掌握内部类、外部类、父类、子类之间的方法重写时调用的次序。

【实验要求】

(1) 设计一个父类 SuperClass,包含一个字符串成员变量 s,其初值为"super"。设计一个外部类 OuterClass 同样包含一个字符串成员变量 s,其初值为"outer",且包含 SuperClass 类的子类 Inner 的定义,该子类具有 foo() 方法用于输出成员变量 s。设计主类 ScopeConflict,创建 OuterClass 的对象 super,创建 OuterClass 类中 Inner 内部类对象 inner 并执行 inner 对象的 foo 方法。

(2) 对于给定的程序编译并运行,分析内部类与外部类间的关系,并明确内部类对外部类成员变量及方法的访问。

【实验步骤】

1. 父类、子类及其内部类的创建

(1) 选择 File→New→Class 命令,打开 New Java Class 对话框,在 Name 文本框中输入"ScopeConflict",单击 Finish 按钮。

(2) 在代码编辑器中输入以下代码。

```
class SuperClass {
    String s = "super";
}


class OuterClass {
    String s = "outer";
    class Inner extends SuperClass {
        //String s = "inner";
        void foo(){
            System.out.println(s);
        }
    }
}


public class ScopeConflict{
    public static void main(String[] args){
        OuterClass super = new OuterClass();
        OuterClass.Inner inner = super.new Inner();
        inner.foo();
    }
}
```

（3）编译并运行程序，观察程序运行结果。

（4）若将 Inner 类中 String s＝"inner"语句的注释去掉，程序的执行结果是什么？

（5）思考父类、子类、外部类及内部类间成员变量的优先级别，明确其关系。

2. 内部类访问外部类的成员及方法

（1）选择 File→New→Class 命令，打开 New Java Class 对话框，在 Name 文本框中输入"Test1"，单击 Finish 按钮。

（2）在代码编辑器中输入以下代码。

```
interface product{
    void price();
}


public class Test1 {
    private int i = 1;
    private String ts = "test1";
    private class shoe implements product{
        public void price(){
            System.out.println("i am excuted at " + ts + " innerclass!");
            test();                      //内部类可以访问类的成员和方法
        }
    }
    public shoe getshoe(){
        return new shoe();
    }
    private void test(){
```

类和对象的扩展

```
        System.out.println(i);
    }

    public static void main(String[] args){
        Test1 t = new Test1();
        product p = t.getshoe();
        Test1.shoe s = t.new shoe();
        s.price();
        p.price();
    }
}
```

(3) 编译并运行程序,观察程序运行结果。

【独立练习】

以下是直接从外部类调用内部类的代码,将代码补充完整,调试并运行程序,分析程序
运行结果。

```
class Outer{
    private int index = 10;
    class Inner {
        private int index = 20;
        void print() {
            int index = 30;
            System.out.println(this);              // the object created from the Inner
            System.out.println(Outer.this);
            System.out.println(index);
            System.out.println(this.index);
            System.out.println(Outer.this.index);
        }
    }

    void print() {
        Inner inner = _____;         //得到内部类的引用
        inner.print();
    }
}

public class Test {
    public static void main(String[] args) {
        Outer outer = _____;
        outer.print();
    }
}
```

实验 4 异　　常

【实验目的】

(1) 理解系统异常处理的机制。
(2) 掌握 try…catch…finally 语句的执行次序。
(3) 创建自定义的异常类。

【实验要求】

(1) 输入以下程序,注意 try 语句中产生的异常与 catch 参数的匹配。观察程序运行结果,体会 Java 中的异常处理机制。

```java
public class Test2{
    static int a = 3,b = 0;                  //运行后,将变量 b 改成非零值,观察结果
    static String c[] = {"数组元素 c[0] "};
    public static void main(String[]  args) {
        try{
            System.out.println(a);
            System.out.println(a/b);
            System.out.println(c[b]);        //若上条语句产生异常,本语句将不被运行
            //要想本语句始终运行,可将其放在 finally 中,写下运行结果
        }catch(ArithmeticException e){
            System.out.println ("捕捉到一个算术异常");
        }catch(ArrayIndexOutOfBoundsException e){
            System.out.println ("捕捉到一个数组下标越界异常");
        } catch(Exception e){
            System.out .println ("捕捉到一个系统异常");
        }
        finally{
            System.out.println("程序结束");
        }
    }
}
```

(2) 运行下面的程序,理解异常的抛出、捕捉与处理。

```java
import java.io. * ;

public class TryTest{
    public TryTest(){
        try{
            int a[] = new int[2];
            a[4] = 3;
```

类和对象的扩展

```
            System.out.println("After handling exception return here?");
        }catch(IndexOutOfBoundsException e){
            System.err.println("exception msg:" + e.getMessage());
            System.err.println("exception string:" + e.toString());
            e.printStackTrace();
        }finally{
            System.out.println(" -------------------- ");
            System.out.println("finally");
        }
        System.out.println("No exception?");
    }
    public static void main(String args[]){
        new TryTest();
    }
}
```

（3）运行下面的程序，理解异常的分类。

```
import java.io.*;

public class ExceptionTest{
    public static void main(String args[]) {
        for(int i = 0; i < 4;i++) {
            int k;
            try {
                switch( i ) {
                    case 0:        //divided by zero
                        int zero = 0;
                        k = 911 / zero;
                        break;
                    case 1:        //null pointer
                        int b[ ] = null;
                        k = b[0];
                        break;
                    case 2:        //array index out of bound
                        int c[ ] = new int[2];
                        k = c[9];
                        break;
                    case 3:        //string index out of bound
                        char ch = "abc".charAt(99);
                        break;
                }
            }catch(Exception e) {
                System.out.println("\nTestcase #" + i + "\n");
                System.out.println(e);
            }
        }
    }
}
```

（4）在 try 子句中设计两个异常：一种为除 0 异常，另一种为数组越界异常，通过两个 catch 子句捕获异常。

（5）在程序中的 method 方法中使用 throws 子句抛出异常，在 main 方法中捕获处理异常。

（6）通过继承 Exception 异常类创建一个自定义异常类 MyException，再创建一个主类 ExceptionMainDemo 使用自定义异常类 MyException。

【实验步骤】

1. try 语句与 catch 语句的匹配

（1）选择 File→New→Class 命令，打开 New Java Class 对话框，在 Name 文本框中输入"Test2"，单击 Finish 按钮。

（2）在代码编辑器中输入"实验要求（1）"中的代码。

（3）调试并运行程序，观察程序运行结果。

（4）系统中哪条语句会抛出异常？哪条语句捕捉了异常？

（5）为什么程序不会打印出"捕捉到一个系统异常"？

（6）将两个 catch 语句块交换位置，程序能编译通过吗？系统将给出什么错误提示？为什么？

（7）finally 语句块中的语句一定会被执行吗？将程序中的变量 b 改成非零值，写出运行结果并说明为什么，程序也会打印出"程序结束"吗？

（8）将 try…catch…finally 语句去掉，直接进行编译，是否能编译成功，观察程序运行结果。

2. 异常的抛出、捕捉与处理

（1）选择 File→New→Class 命令，打开 New Java Class 对话框，在 Name 文本框中输入"TryTest"，单击 Finish 按钮。

（2）在代码编辑器中输入"实验要求（2）"中的代码。

（3）调试并运行程序，观察程序异常情况。

（4）分析异常抛出、捕捉和处理过程，理解异常机制。

3. 异常的分类

（1）选择 File→New→Class 命令，打开 New Java Class 对话框，在 Name 文本框中输入"ExceptionTest"，单击 Finish 按钮。

（2）在代码编辑器中输入"实验要求（3）"中的代码。

（3）调试并运行程序。

（4）分析异常产生的原因及各种异常的描述方式。

4. catch 捕捉异常的先后次序

（1）选择 File→New→Class 命令，打开 New Java Class 对话框，在 Name 文本框中输入"CatchTest"，单击 Finish 按钮。

（2）在代码编辑器中输入以下代码，并将代码补充完整。

类和对象的扩展

```
public class CatchTest{
    public static void main(String[] args) {
        try {
            int a = args.length;
            System.out.println("\na = " + a);
            int b = 42/a;
            int c[] = {1};
            c[42] = 99;
        }
        catch (_____) {
            System.out.println("发生了被 0 除：" + e);
        }
        catch (_____) {
            System.out.println("数组下标越界：" + e);
        }
    }
}
```

（3）调试并运行程序，观察运行结果。

5. throws 抛出异常

（1）选择 File→New→Class 命令，打开 New Java Class 对话框，在 Name 文本框中输入"ThrowsDemo"，单击 Finish 按钮。

（2）在代码编辑器中输入以下代码。

```
import java.io. * ;
public class ThrowsDemo{
    static void method() throws IllegalAccessException {
        System.out.println("\n 在 mathod 中抛出一个异常");
        throw new IllegalAccessException();
    }

    public static void main(String args[]) {
        try {
            method();
        }
        catch (IllegalAccessException e) {
            System.out.println("在 main 中捕获异常：" + e);
        }
    }
}
```

（3）编译并运行程序。

6. 自定义异常类的使用

（1）选择 File→New→Class 命令，打开 New Java Class 对话框，在 Name 文本框中输入"ExceptionMainDemo"，单击 Finish 按钮。

（2）在代码编辑器中输入以下代码并将代码补充完整。

```
class MyException _____{                          //继承异常类
    private int x;
    MyException(int a) {
        x = a;
    }
    public String toString() {
        return "自定义异常类 MyException";
    }
}

public class ExceptionMainDemo {
    static void mathod(int a) _____ {             // 抛出 MyException 异常类
        System.out.println("\t 此处引用 mathod (" + a + ")");
        if (a > 10) throw _____ MyException(a);              // 主动抛出 MyException
            System.out.println("正常返回");
    }
    public static void main(String args[]) {
        try {
            System.out.println("\n 进入监控区,执行可能发生异常的程序段");
            method(8);
            method(20);
            method(6);
        }
        catch (MyException e) {
            System.out.println("\t 程序发生异常并在此处进行处理");
            System.out.println("\t 发生的异常为: " + e.toString());
        }
            System.out.println("这里可执行其他代码");
    }
}
```

（3）编译并运行程序。

【独立练习】

运行下面的程序,理解异常类的常用方法的使用。

```
import java.io. * ;
public class TryTest{
    public TryTest(){
        try{
            int a[] = new int[2];
            a[4] = 3;
            System.out.println("After handling exception return here?");
        }catch(IndexOutOfBoundsException e){
            System.err.println("exception msg:" + e.getMessage());
            System.err.println("exception string:" + e.toString());
            e.printStackTrace();
        }finally{
```

类和对象的扩展

```
            System.out.println(" -------------------- ");
            System.out.println("finally");
        }
        System.out.println("No exception?");
    }
    public static void main(String args[]){
        new TryTest();
    }
}
```

第7章　Java 常用系统类

实验 1　String 类

【实验目的】

(1) 掌握字符串的建立及初始化方法。

(2) 掌握字符串常用方法的使用。

【实验要求】

(1) 根据给定的程序构造 String 类的对象并使用其常用方法。

(2) 在 MyProject7 项目中创建 SubStrDemo 类,实现对字符串"I like java programming"取"java programming""java"及"programming"子串的操作,该操作主要使用 String 类的 indexOf()、lastIndexOf()及 substring()方法。

(3) 在 MyProject7 项目中创建 JoinStrings 类,实现对字符串的连接操作,要考虑数值与字符串连接时的先后次序。

(4) 创建 C:\myfile\2018 文件夹,并在此文件夹中创建 result.txt 文件。在 MyProject7 项目中创建 FileTypeDemo 类,实现将.txt 文件替换为.java 文件的操作。

(5) 对字符串"abcdef"与字符串"123456"进行连接,并将其连接结果转变为字符数组,依次输出数组中的各个元素。

(6) 对于字符串"I like java programming",利用 indexOf()、lastIndexOf()及 substring()方法取字符串"java programming""java"及"programming"。

(7) 重写 String 类的 toString 方法,使其输出指定格式的内容。

【实验步骤】

1. String 类的构造方法及常用方法的使用

(1) 选择 File→New→Java Project 命令,打开 New Java Project 对话框,在 Project name 文本框中输入"MyProject7",单击 Finish 按钮关闭窗口。

(2) 选择 File→New→Class 命令,打开 New Java Class 对话框,在 Name 文本框中输入"StringTest",单击 Finish 按钮。

(3) 在代码编辑器中输入以下代码,并将代码补充完整。

```
import javax.swing.*;

public class StringTest {
    String string1, string2, string3, string4;
    byte[] byte1 = {72, 101, 108, 111, 32, 110, 101, 119, 32, 87, 111, 114, 108, 100};
    char[] char2 = {'H','e','l','l','o',' ','n','e','w',' ', 'W','o','r','l','d'};
    public StringTest(){
        string1 = _____;  //调用字符串的无参构造方法
        string2 = new String(byte1,6,9);
        string3 = new String(char2,0,5);
        string4 = JOptionPane.showInputDialog("Input a String:");

        System.out.println();
        System.out.println("String 1:" + _____);        //输出 String1 的内容
        System.out.println("String 2:" + string2);
        System.out.println("String 3:" + string3);
        System.out.println("String 4:" + string4);
    }
    public static void main(String args[]) {
        StringTest st = new StringTest();
        _____;                                          //退出程序运行
    }
}
```

（4）编译并运行程序，结果如图 7-1 所示，弹出一个对话框，在对话框中输入字符串，如输入"23"，单击"确定"按钮，运行界面如图 7-2 所示。

（5）思考语句"string4 = JOptionPane.showInputDialog("Input a String：");"有何作用？

图 7-1 "输入"对话框

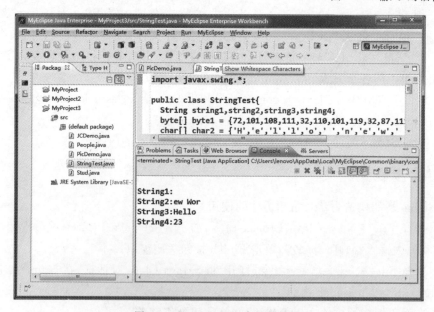

图 7-2 StringTest 程序运行结果

2. 创建 SubStrDemo 类并实现对字符串取子串

（1）在项目 MyProject7 中创建 SubStrDemo 类。

（2）在代码编辑器中输入以下代码，并将代码补充完整。

```
public class SubStrDemo{
    public static void main (String args[]){
        String str = "I like java programming";
        int position1 = _____('j');   //此处要获取第一个字符"j"的位置
        String s1 = str.substring(position1);
        String s2 = _____;            //此处要获取字符串"java"
        //下面一行代码要获取从字符串右侧开始数第一个"p"的位置
        int position2 = _____('p');   /
        String s3 = str.substring(_____);         //  此处要获取字符串"programming"
        System.out.println("s1 = " + s1);
        System.out.println("s2 = " + s2);
        System.out.println("s3 = " + s3);
    }
}
```

（3）调试并运行程序，观察运行结果。

3. 创建 JoinStrings 类并实现字符串的连接

（1）在项目 MyProject7 中创建 JoinStrings 类。

（2）在代码编辑器中输入以下代码，并将代码补充完整。

```
public class JoinStrings {
    public static void main(String[] args) {
        String firstString = "Many ";
        String secondString = "hands ";
        String thirdString = "make light work";

        String myString;                              // 用于存储结果的字符串对象

        // 以下代码用于连接 firstString、secondString、thirdString 3 个字符串
        myString = _____;
        System.out.println(myString);

        // 将字符串与数值进行连接,要注意连接结果
        myString = "fifty five is " + 5 + 5;
        System.out.println(myString);

        // 连接数值与字符串,此连接与字符串连接数值有何区别?
        myString = 5 + 5 + " is ten";
        System.out.println(myString);
        //利用 String 类的 valueOf()方法将数值转换为字符串
        double a = 3.14;
        String mystr = _____(a);  //请独立完成代码
```

```
            System.out.println(mystr);
        }

    }
```

（3）运行程序，观察运行结果。思考数值与字符串连接及字符串与数值连接时的差别，结果有何不同。

4. 创建 FileTypeDemo 类并分析程序功能

（1）在项目 MyProject7 中创建 FileTypeDemo 类。

（2）在 C 盘下创建名为"myfile"的文件夹，并在其中创建名为"2018"的子文件夹，在此子文件夹中创建一个文本文件，命名为"result. txt"。

（3）在代码编辑器中输入以下代码，并将代码补充完整。

```
public class FileTypeDemo{
    public static void main(String args[ ]){
        String path = "c:\\myfile\\2018\\result.txt";
        //下面这行代码用于确定 path 字符串中最后一个"\\"字符串出现的位置
        int index = _____ ;
        //下面这行代码用于截取最后一个"\\"后面的字符串
        String fileName = _____ ;
        //下面这行代码的作用是将 fileName 字符串中的.txt 替换为.java
        String newName = _____ ;
        System.out.println(path);
        System.out.println(fileName);
        System.out.println(newName);
    }
}
```

（4）运行并调试程序，观察运行结果。

⏎**知识提示**　Java 中表示文件路径时要用"\\"作为路径的分隔符，也可以用"/"作为分隔符。

---

5. 字符串与字符数组的转换

（1）选择 File→New→Class 命令，打开 New Java Class 对话框，在 Name 文本框中输入"StringtoCharArray"，单击 Finish 按钮。

（2）在代码编辑器中输入以下代码，并将代码补充完整。

```
public class StringtoCharArray{
    public static void main(String args[ ]){
        _____ ;           //创建 String 类对象 b 并赋值为"abcdef"
        b = b.concat("123456");          //通过 append()方法添加"123456"
        _____ ;           //将 b 的长度赋给 i
        System.out.println(i);
        _____ ;           //将 b 中的字符转换为数组 a
```

```
        for( int j = 0;j < i;j++)
            _____;          //输出数组的每个元素
        System. out. println();
        for( int j = 0;j < I;j++)
            _____;          //利用 charAt( )方法直接输出 b 中的每个字符
    }
}
```

（3）编译并运行程序，结果如图 7-3 所示。

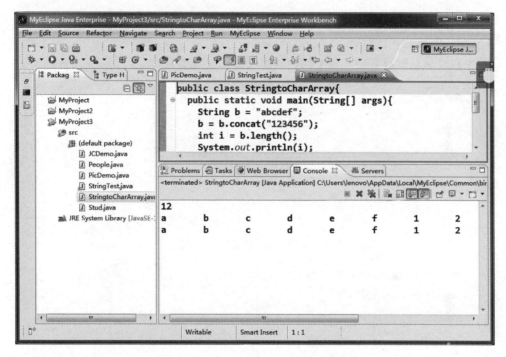

图 7-3   StringtoCharArray 程序运行结果

🔖知识提示   Java 输出语句中可连接"\t"实现内容在下一个制表符显示输出。

---

6. indexOf( )方法及 lastIndexOf( )方法的使用

（1）选择 File→New→Class 命令，打开 New Java Class 对话框，在 Name 文本框中输入"MethedofString"，单击 Finish 按钮。

（2）在代码编辑器中输入以下代码，并将代码补充完整。

```
public class MethedofString{
    public static void main (String args[]){
        String str = "I like java programming";
        int i1 = _____;          //求字符 j 在字符串中首次出现的位置
        String s1 = str. substring(i1);
        String s2 = _____;      //利用 i1 位置值取字符串"java"
        int i2 = _____;          //求字符 p 从字符串右侧往左数第一次出现的位置
```

```
        String s3 = _____;    //利用 i2 位置值取字符串"programming"
        System.out.println("s1 = " + s1);
        System.out.println("s2 = " + s2);
        System.out.println("s3 = " + s3);
        }
    }
```

(3) 编译并运行程序,观察运行结果。

7. 重写 toString()方法

(1) 选择 File→New→Class 命令,打开 New Java Class 对话框,在 Name 文本框中输入"ToStringDemo",单击 Finish 按钮。

(2) 在代码编辑器中输入以下代码并将代码补充完整。

```
public class ToStringDemo{
    int x;
    int y;
    public ToStringDemo(int x, int y) {
        _____;         //对成员变量 x 赋值
        _____;         //对成员变量 y 赋值
    }
    public String toString() {
        return "Object members => [ x = " + x + ", y = " + y + " ]";
    }
    public static void main(String[] args) {
        ToStringDemo a1 = new ToStringDemo(10, 20);
        System.out.println(a1);
    }
}
```

(3) 编译并运行程序,观察运行结果。

【独立练习】

(1) 将下列代码补充完整,并调试运行程序,观察运行结果。

```
import javax.swing.JOptionPane;
public class StringExe{
    public static void main( String args[] ){
        String s1, s2, s3, s4, output;
        s1 = new String( "您好!" );
        s2 = new String( "再见!" );
        s3 = new String( "_____" );          //提供字符串类型参数
        s4 = new String( "祝您长寿!" );
        output = "s1 = " + s1 + "\ns2 = " + s2 + "\ns3 = " + s3 + "\ns4 = " + s4 + "\n\n";
        //用 equals()方法比较两个对象内容是否相同
        if ( s1.equals( "您好!" ) )
                output += "s1 的内容是 \"您好!\"\n";
```

```
            else
                    output += "s1 不是 \"您好!\"\n";
            //用 == 运算符比较字符串引用指向内存地址相同否
            if ( s1 == "您好!" )
                    output += "s1 引用地址同于 \"您好!\"\n";
            else
                    output += "s1 引用地址不同于 \"您好!\"\n";
            //用 equalsIgnoreCase()方法比较字符串排序
            if ( s3.equalsIgnoreCase( s4 ) )
                    output += "s3 排序同于 s4\n";
            else
                    output += "s3 排序不同于 s4\n";
            //用 compareTo()方法比较字符串值的大小
            output += "\ns1.compareTo( s2 ) is " + s1.compareTo( s2 ) +
                "\ns2.compareTo( s1 ) is " + s2.compareTo( s1 ) +
                "\ns1.compareTo( s1 ) is " + s1.compareTo( s1 ) +
                "\ns3.compareTo( s4 ) is " + s3.compareTo( s4 ) +
                "\ns4.compareTo( s3 ) is " + s4.compareTo( s3 ) +
                "\n\n";
            //用 regionMatches (case sensitive)方法比较对象部分内容
            if ( s3.regionMatches( 0, s4, 0, 5 ) )
                    output += "s3 与 s4 前 5 个字符匹配\n";
            else
                    output += "s3 与 s4 前 5 个字符不匹配\n";
            //用 regionMatches (ignore case)方法比较对象部分内容(不区分字母大小写)
            if ( s3.regionMatches( true, 0, s4, 0, 5 ) )
                    output += "s3 与 s4 前 5 个字符匹配";
            else
                    output += "s3 与 s4 前 5 个字符不匹配";
            JOptionPane.showMessageDialog( null, output, "显示字符串类的构造方法",
            JOptionPane._____ );          //选择要显示消息的类型
            System.exit( 0 );
        }
    }
```

（2）在 MyProject7 中创建 StrDemo 类并完成程序代码。

① 在项目 MyProject7 中创建 StrDemo 类。

② 在代码编辑器中输入以下代码并将空白处的代码补充完整。

```
String str = "First JAVA program";
int size = _____;              //字符串长度
String c = _____;              //获取第七个字符
int indexOfA1 = _____;         //第一个字符 A 的位置
int indexOfA2 = _____;         //第二个字符 A 的位置
String an = _____;             //获取"JAVA"字符串
```

实验 2 StringBuffer 类

【实验目的】

(1) 掌握 StringBuffer 类的使用方法。

(2) 掌握 StringBuffer 类与 String 类的使用差别。

【实验要求】

(1) StringBuffer 类与 String 类之间的转换。

(2) 将字符串"i like java"进行倒置，即输出"avaj ekil i"。

【实验步骤】

1. StringBuffer 类的使用

(1) 选择 File→New→Class 命令，打开 New Java Class 对话框，在 Name 文本框中输入"StringBufferTest"，单击 Finish 按钮。

(2) 在代码编辑器中输入以下代码并将代码补充完整。

```
public class StringBufferTest {
    public static void main(String[] args) {
        StringBuffer name = _____ ("Alex");   //创建一个 StringBuffer 对象 name
        name.append(", Hunter");
        String nameStr1 = _____;              //将 name 转变为 String 类型
        String nameStr2 = new String(name);
        System.out.println("name      : " + name);
        System.out.println("nameStr1  : " + nameStr1);
        System.out.println("nameStr2  : " + nameStr2);

    }
}
```

(3) 编译并运行程序，结果如图 7-4 所示。

2. 倒置字符串内容

(1) 选择 File→New→Class 命令，打开 New Java Class 对话框，在 Name 文本框中输入"StringReverseChar"，单击 Finish 按钮。

(2) 在代码编辑器中输入以下代码，并将代码补充完整。

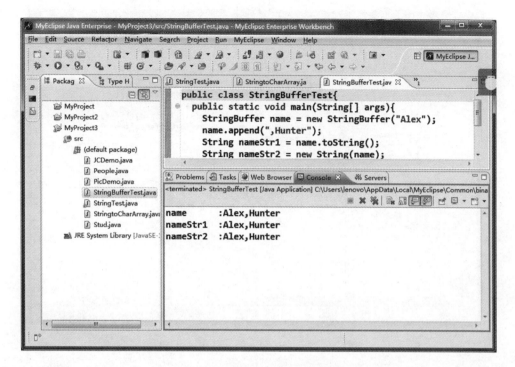

图 7-4　StringBufferTest 程序运行结果

```
public class StringReverseChar {
    private static void doStringReverseChar() {
        String a = "i like java";
        System.out.println("\nOriginal string: " + a);
        //根据 a 创建 StringBuffer 对象并调用 reverse()方法
        StringBuffer b = _____;
        System.out.println("Reverse character string: " + b);
        System.out.println("\n");
    }
    public static void main(String[] args) {
        doStringReverseChar();
    }
}
```

（3）编译并运行程序，结果如图 7-5 所示。

【独立练习】

在 MyProject7 中创建 StrBufDemo 类并分析程序功能。

（1）在项目 MyProject7 中创建 StrBufDemo 类。

（2）在代码编辑器中输入以下代码。

Java 常用系统类

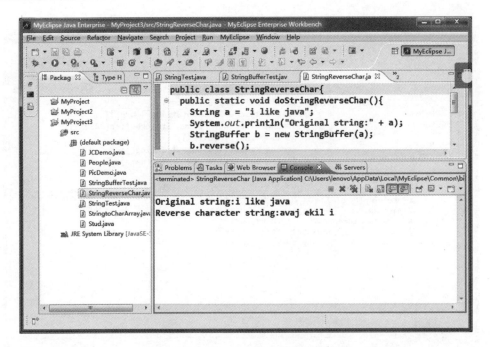

图 7-5　StringReverseChar 程序运行结果

```java
public class StrBufDemo {
    public static void main(String args[ ])   {
        StringBuffer str = new StringBuffer("62791720");
        str.insert(0,"010 - ");
        str.setCharAt(7 ,'8');
        str.setCharAt(str.length() - 1,'7');
        System.out.println(str);
        str.append(" - 446");
        System.out.println(str);
        str.reverse();
        System.out.println(str);
    }
}
```

（3）运行并调试程序，分析该程序的功能。

（4）思考此例中的 insert()方法、setCharAt()方法、length()方法、append()方法及 reverse()方法的作用分别是什么。

（5）思考 StringBuffer 类与 String 类有何区别。

实验 3　Math 类与 Random 类

【实验目的】

（1）掌握 Math 类常用方法的使用。

（2）掌握 Random 类常用方法的使用。

【实验要求】

(1) 对于给定的 3 个整数 12、3 和 25,引入 Math 类中的 max()方法和 min()方法,求得最大数和最小数,并输出结果。

(2) 利用 Math 类中的 random( )方法产生随机的两个 10 以内的整数,并显示为加法题目,要求用户从键盘输入加法得数,程序每次运行可产生 5 个题目,最后统计出用户答对的题目数及总分。

(3) 在项目中创建 MathRandomChar 类,在类中编写 GetRandomChar( )方法产生随机字符,并在主方法中输出该字符。

(4) 在项目中创建 RandomDemo 类,在类的主方法中创建 Random 类的对象,使用该对象生成各种类型的随机数,并输出结果。

【实验步骤】

1. Math 类 max()及 min()方法的使用

(1) 选择 File→New→Class 命令,打开 New Java Class 对话框,在 Name 文本框中输入"MaxMinDemo",单击 Finish 按钮。

(2) 在代码编辑器中输入以下代码并将代码补充完整。

```java
public class MaxMinDemo {
    public static void main(String[] args){
        int num1 = 12, num2 = 3, num3 = 25;
        System.out.println("其中最大数为:" + _____);
        System.out.println("其中最小数为:" + _____);
    }
}
```

(3) 编译并运行程序,结果如图 7-6 所示。

图 7-6　MaxMinDemo 程序运行结果

2. Math 类 random()方法的使用

(1) 选择 File→New→Class 命令,打开 New Java Class 对话框,在 Name 文本框中输入"MathDemo",单击 Finish 按钮。

(2) 在代码编辑器中输入以下代码并将代码补充完整。

```java
import java.io. * ;
public class MathDemo {
    public static void main(String args[]){
        int count = _____;                 //用于记录答对题数
        for(int i = 1; i <= 5; i++){
            int num1, num2, sum = 0;
            num1 = _____;                   //产生 10 以内的整数
            num2 = _____;                   //产生 10 以内的整数
            System.out.println(num1 + " + " + num2 + " = ?");
            //下面一条语句主要用于从键盘上输入字符
            BufferedReader in = new BufferedReader(new InputStreamReader(System.in));
            try{
                //将读入的字符串变为相应的整数值
                sum = _____ (in.readLine());
            }catch(Exception e){
                e.printStackTrace();
            }
            if(_____){                      // 如果 sum 和 num1 与 num2 的相等
                System.out.println("you are right! go on!");
                _____;}                     //答对的题目数增加 1
            else
                System.out.println("I'm sorry to tell you, you are wrong!");
        }
        System.out.println("你做对了" + count + "个题目,得了" + count * 20 + "分");
    }
}
```

(3) 编译并运行程序,结果如图 7-7 所示。

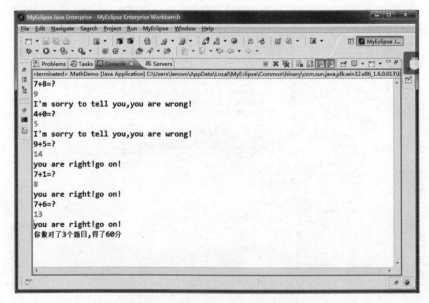

图 7-7　MathDemo 程序运行结果

3. 创建 MathRandomChar 类输出随机字符

（1）选择 File→New→Class 命令，打开 New Java Class 对话框，在 Name 文本框中输入"MathRandomChar"，单击 Finish 按钮。

（2）在代码编辑器中输入以下代码。

```java
public class MathRandomChar {
    public static char GetRandomChar(char cha1,char cha2){
        //定义获取任意字符之间的随机字符
        return (char)(cha1 + Math.random() * (cha2 - cha1 + 1));
    }
    public static void main(String[] args) {
        System.out.println("任意小写字符：" + GetRandomChar('a', 'z'));
        //获取 a~z 之间的随机字符
        System.out.println("任意大写字符：" + GetRandomChar('A', 'Z'));
        //获取 A~Z 之间的随机字符
        //获取 0~9 之间的随机字符
        System.out.println("0 到 9 任意数字字符：" + GetRandomChar('0', '9'));
    }
}
```

（3）调试并运行程序，观察运行结果。

4. 使用 Random 类生成各种类型的随机数

（1）选择 File→New→Class 命令，打开 New Java Class 对话框，在 Name 文本框中输入"RandomDemo"，单击 Finish 按钮。

（2）在代码编辑器中输入以下代码。

```java
import java.util.Random;
public class RandomDemo {
    public static void main(String[] args) {
    Random r = new Random();    //实例化一个 Random 类
    System.out.println("随机产生一个整数:" + r.nextInt());
    System.out.println("随机产生一个大于等于 0 小于 10 的整数：   " + r.nextInt(10));
    System.out.println("随机产生一个布尔型的值:" + r.nextBoolean());
    System.out.println("随机产生一个双精度型的值：" + r.nextDouble());
    System.out.println("随机产生一个浮点型的值:" + r.nextFloat());
    System.out.println("随机产生一个概率密度为高斯分布的双精度值:" + r.nextGaussian());
    }
}
```

（3）调试及运行程序，观察程序运行结果。

【独立练习】

（1）编写一个 Application 实现如下功能：在主类中定义两个 double 类型数组 a 和 b，再定义一个成员方法 sqrt_sum()。数组 a 各元素的初值依次为 1.2、2.3、3.4、4.5、5.6，数组 b 各元素的初值依次为 9.8、8.7、7.6、6.5、5.4、4.3；方法 sqrt_sum() 的参数为 double 类型的数组，返回值类型为 float 型，功能是求参数中各元素的平方根之和。在主方法 main()

中分别以 a 和 b 为实参调用方法 sqrt_sum()，并将返回值输出在屏幕上。

（2）利用 Random 类随机生成一个整数，该整数以 55％的概率生成数字 1，以 40％的概率生成数字 2，以 5％的概率生成数字 3。

⌂知识提示　利用 Rondom 类的 nextInt()方法生成每个整数的概率都是 1％，则生成任意 55 以内的整数的概率就是 55％。

实验 4　Date 类与 Calendar 类

【实验目的】

（1）掌握 Date（日期）类常用方法的使用。
（2）掌握 Calendar（日历）类常用方法的使用。

【实验要求】

（1）通过 getDateInstance 方法获取当前时间并格式化，构造一个 Date 类型变量分别获取年、月、日，用 switch 来获取是星期几并输出中文日期。

（2）创建一个 CalendarDemo 类，其中创建的 Calendar 类的实例以系统当前时间为时间值，获取当前时间中的年、月、日、时、分、秒，并以年月日、星期、时分秒的形式显示。可以计算并显示"1962 年 6 月 29 日"至"2018 年 10 月 1 日"之间的时间差值，以天为单位计算。

（3）利用 Calendar 类的 set()及 get()方法，结合 String 类型的数组，显示指定日期所在的月历，在月历中该月第一天前面的空格处显示"＊"号。

【实验步骤】

1. 构造 Date 类对象获取系统日期，并输出年月日及星期

（1）选择 File→New→Class 命令，打开 New Java Class 对话框，在 Name 文本框中输入"DateDemo"，单击 Finish 按钮。

（2）在代码编辑器中输入以下代码，并将代码补充完整。

```java
import java.text.DateFormat;
import java.util. * ;

public class   DateDemo{
    public static void main(String[ ] arg){
        Date now = _____ ;          //创建当前日期对象
        DateFormat d = _____ ;      //获得日期格式实例
        String str = d. format(now);
        Date date1 = new Date() ;
        int week = _____ ;          //获得 date1 的星期
        int day = date1. getDate();
```

```
        int year = _____;              //获得 date1 的年份
        int month = _____;              //获得 date1 的月份;
        char ch;
        _____{                          //判断 week 所属的情况
          case 1:ch = '一';break;
          case 2:ch = '二';break;
          case 3:ch = '三';break;
          case 4:ch = '四';break;
          case 5:ch = '五';break;
          case 6:ch = '六';break;
          case 7:ch = '天';break;
          default:ch = '一';break;
        }
        System.out.println("今天是" + year + "年" + month + "月" + day + "日星期" + ch);
        System.out.println("今天是" + str);
    }
}
```

（3）编译并运行程序,结果如图 7-8 所示。

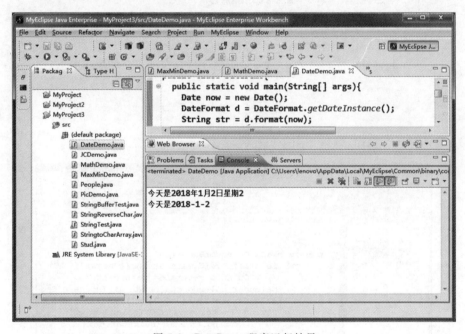

图 7-8　DateDemo 程序运行结果

知识提示　getDay()、getDate()、getMonth()及 getYear()方法已过时,可用 Calendar. get(Calendar. DAY_OF_WEEK)、Calendar. get(Calendar. DAY_OF_MONTH)、Calendar. get(Calendar. MONTH)、Calendar. get(Calendar. YEAR)取代。

2. Calendar 类常用方法的使用

（1）选择 File→New→Class 命令,打开 New Java Class 对话框,在 Name 文本框中输

入"CalendarDemo",单击 Finish 按钮。

（2）在代码编辑器中输入以下代码。

```java
import java.util. * ;

public class CalendarDemo {
    public static void main(String args[ ]){
        Calendar calendar = Calendar.getInstance();
        calendar.setTime(new Date());
        String 年 = String.valueOf(calendar.get(Calendar.YEAR)),
                月 = String.valueOf(calendar.get(Calendar.MONTH) + 1),
                日 = String.valueOf(calendar.get(Calendar.DAY_OF_MONTH)),
                星期 = String.valueOf(calendar.get(Calendar.DAY_OF_WEEK) - 1);
        int hour = calendar.get(Calendar.HOUR_OF_DAY),
        minute = calendar.get(Calendar.MINUTE),
        second = calendar.get(Calendar.SECOND);
        System.out.println("现在的时间是: ");
        System.out.println("" + 年 + "年" + 月 + "月" + 日 + "日 " + "星期" + 星期);
        System.out.println("" + hour + "时" + minute + "分" + second + "秒");
        calendar.set(1962,5,29);   //将日历翻到 1962 年 6 月 29 日,注意,5 表示六月
        long time1962 = calendar.getTimeInMillis();
        calendar.set(2018,9,1);
        long time2018 = calendar.getTimeInMillis();
        long 相隔天数 = (time2018 - time1962)/(1000 * 60 * 60 * 24);
        System.out.println("2018 年 10 月 1 日和 1962 年 6 月 29 日相隔" +
                           相隔天数 + "天");
    }
}
```

（3）编译并运行程序,结果如图 7-9 所示。

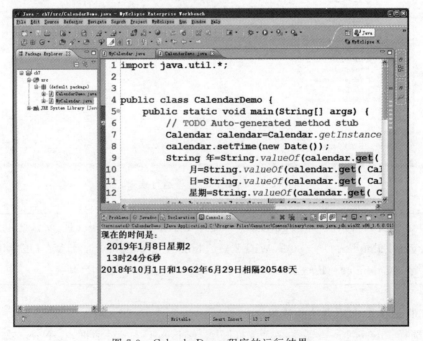

图 7-9　CalendarDemo 程序的运行结果

3. 利用 Calendar 类生成指定日期的月历

（1）选择 File→New→Class 命令，打开 New Java Class 对话框，在 Name 文本框中输入"MyCalendar"，单击 Finish 按钮。

（2）在代码编辑器中输入以下代码，并将代码补充完整。

```java
import java.util. * ;

public class MyCalendar {
    public static void main(String args[]){
        System.out.println(" 日  一  二  三  四  五  六");
        Calendar rl = Calendar.getInstance();
        _____ ;                      //将日历翻到2018年4月7日
        int week = rl.get(Calendar.DAY_OF_WEEK) - 1;
        String a[] = new String[week + 31];
        for(int i = 0;i < week;i++) {
            a[i] = " * * ";
        }
        for(int i = week,n = 1;i < week + 31;i++) {
            if(n < = 9)
            //当日期数为单位数字时,让数字靠左对齐,即右面加一个空格
                a[i] = _____ ;
            else
                a[i] = String.valueOf(n) ;
            n++;
        }
        for(int i = 0;i < _____ ;i++) {    //a数组的长度
            _____ {              //此行用于控制七天显示为一行
                System.out.println("");
            }
            System.out.print(" " + a[i]);
        }
    }
}
```

（3）编译并运行程序，结果如图 7-10 所示。

【独立练习】

利用 Calendar 类计算 2018 年 7 月 11 日是一年中的第几星期。

💡**知识提示**　关键代码如下。

```java
Calendar cal = Calendar.getInstance();
cal.set(Calendar.YEAR, 2018);
cal.set(Calendar.MONTH, 6);
cal.set(Calendar.DAY_OF_MONTH, 11);
int weekno = cal.get(Calendar.WEEK_OF_YEAR);
```

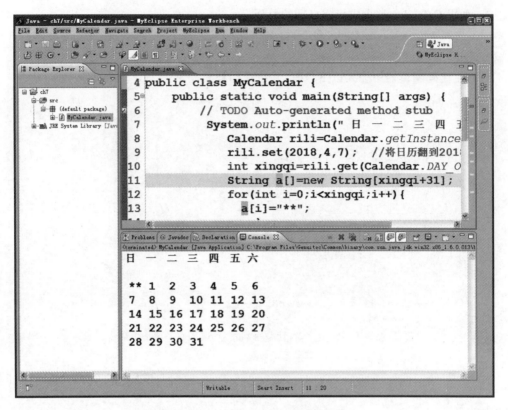

图 7-10　MyCalendar 程序的运行结果

第8章 Java 输入输出系统

实验1 读 写 文 件

【实验目的】

(1) 掌握文本文件的读写方法。

(2) 掌握随机文件的读写方法。

(3) 掌握 InputStream、OutputStream 抽象类的基本使用。

(4) 掌握 FileInputStream、FileOutputStream、DataInputStream、DataOutputStream 抽象类的基本使用。

【实验要求】

(1) 建立 StreamDemo 类,实现标准输入输出流的建立,能从键盘读取字符串并输出该字符串。

(2) 对随机文件进行读写操作,掌握常用的读写方法。

(3) 使用随机访问流读出文本文件的最后 n 个字符,文本文件名和数字 n 用选项行参数的方式提供,按照题目要求运行时提供选项行指定的文本文件名和数字 n。如: java shiyan44 text. txt 12,其中文本文件名 text. txt 对应 args[0], 12 对应 args[1]。必须加以注意的是这里 12 为字符串,要求在程序中加以处理转化为数值类型。根据功能要求将空白处的语句填写完整。

【实验步骤】

1. 创建 StreamDemo 类,实现字符串的输入输出

(1) 选择 File→New→Java Project 命令,打开 New Java Project 对话框。在 Project name 文本框中输入"MyProject8",单击 Finish 按钮关闭窗口。

(2) 选择 File→New→Class 命令,打开 New Java Class 对话框,在 Name 文本框中输入"StreamDemo",单击 Finish 按钮。

(3) 在代码编辑器中输入以下代码,并将代码补充完整。

```
import java.io. * ;
public class  StreamDemo{
    public static void main(String args[ ]){
        String s;
        InputStreamReader  ir;
        BufferedReader  in;
        ir = new InputStreamReader(_____);        //创建标准输入流
        //建立与系统标准输入之间的输入流联系
        in = new  _____ (ir);
        try{
            do{
                s = _____;                        //从键盘读入一行字符串
                if(s!= null){
                    System. out. println("Read: " + s);         //将读取的数据输出
                }
            }while(s!= _____);                   //判断是否读完数据
        }catch(Exception e){};
    }
}
```

（4）调试并运行程序，观察程序运行结果。

2. 随机文件的读写

（1）选择 File→New→Class 命令，打开 New Java Class 对话框，在 Name 文本框中输入"TestRandom"，单击 Finish 按钮。

（2）在代码编辑器中输入以下代码。

```
import java.io. * ;

public class TestRandom{
    public static void main(String args[ ]){
        try{
            RandomAccessFile rf = new RandomAccessFile("rtest.dat", "rw");
            for(int i = 0; i < 10; i++)
                rf.writeDouble(i * 1.414);
            rf.close();
            rf = new RandomAccessFile("rtest.dat", "rw");
            rf.seek(5 * 8);
            rf.writeDouble(47.0001);
            rf.close();
            rf = new RandomAccessFile("rtest.dat", "r");
            for(int i = 0; i < 10; i++)
                System. out. println("Value " + i + ": " + rf.readDouble());
            rf.close();
        }catch(IOException e){
            System. out. println(e.toString());
        }
    }
}
```

（3）编译并运行程序，结果如图 8-1 所示。

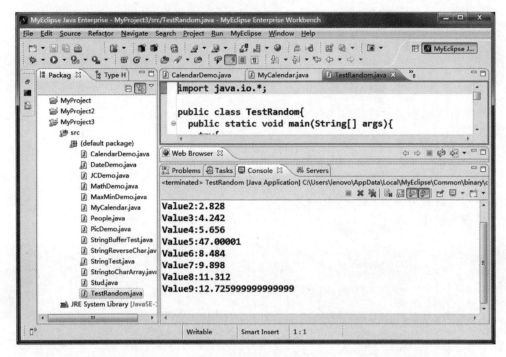

图 8-1　程序运行结果

3. 使用随机访问流读出文本文件最后 n 个字符

（1）选择 File→New→Class 命令，打开 New Java Class 对话框，在 Name 文本框中输入"ReadFile"，单击 Finish 按钮。

（2）在代码编辑器中输入以下代码并将代码补充完整。

```
import java.io. * ;
public class ReadFile{
    public static void main(String args[])throws Exception{
        String filename,s,t;
        int n = 0;
        long leng,filepoint;                              //注意这里定义为长整型
        RandomAccessFile file = _____ ;    //创建随机文件读写对象
        leng = file.length();
        t = args[1];
        //以下循环语句完成将从选项行接收到的数字字符转换为整数类型
        for(int i = 0;i < t.length();i++){
            n = 10 * n + (int)(t.charAt(i) - 48);
        }
        file.skipBytes((int)(leng - n));
         //将文件指针向前移动到最后 n 个字符
        //注意这里为何要将长整型转换为整型类型
        filepoint = file.getFilePointer();
        while(filepoint < leng){
            s = _____;                     //读出内容并赋值给变量 s
```

119

第8章

Java 输入输出系统

```
            System.out.println(s);
            filepoint = file.getFilePointer();
        }
        file.close();
    }
}
```

(3) 进入选项提示符状态,编译并运行程序。

【独立练习】

(1) 要求通过不同的方法实现从键盘输入任意两个实数,将两个实数的和输出。观察并调试以下 4 种方法,体会其中的异同点。

实现方法 1:

```
import java.io. * ;                                     //引入 io 包中的 IOException 类
public class InputDemo1{
    public static void main(String arg[ ]) throws IOException { //抛出异常
        String str;
        BufferedReader br = new BufferedReader(new
                            InputStreamReader(System.in));
        System.out.println("input a float:");
        str = br.readLine();
        float f1 = Float.parseFloat(str);                //转换字符串为实型数据
        // 或 f = Float.valueOf(str).floatValue();
        System.out.println("input another a float:");
        str = br.readLine();
        float f2 = Float.parseFloat(str);                //转换字符串为实型数据
        // 或 f = Float.valueOf(str).floatValue();
        System.out.println("它们的和是:" + (f1 + f2));
    }
}
```

实现方法 2:

```
import java.util.Scanner;
public class InputDemo2{
  float number1,number2;
    Scanner sc;
    public InputDemo(){
        System.out.println("请输入两个实数:");
        sc = new Scanner((System.in));          //实例化一个 Scanner 对象
        number1 = sc.nextFloat();               //从键盘输入一个实数赋值给 number1
        number2 = sc.nextFloat();               //从键盘输入一个实数赋值给 number2
        System.out.println("两数之和是: " + (number1 + number2));
    }
    public static void main(String args[ ]){
        InputDemo ct = new InputDemo();
```

```
            System.exit(0);
        }
    }
```

实现方法 3：

```
import javax.swing.JOptionPane;
import java.util.Scanner;
public class InputDemo3{
    String str = "两数之和是：";
    float number1,number2;
    Scanner sc;
    public InputDemo(){
        System.out.println("请输入两个实数:");
        sc = new Scanner((System.in));          //实例化一个 Scanner 对象
        number1 = sc.nextFloat();               //从键盘输入一个实数赋值给 number1
        number2 = sc.nextFloat();               //从键盘输入一个实数赋值给 number2
        str = str + (number1 + number2);
        JOptionPane.showMessageDialog(null,str);

    }
    public static void main(String args[]){
        InputDemo ct = new InputDemo();
        System.exit(0);
    }
}
```

实现方法 4：

```
import javax.swing.JOptionPane;
public class InputDemo4{
    String str = "两数之和是：";
    float number1,number2;
    public InputDemo(){
        number1 = Float.parseFloat(JOptionPane.showInputDialog(
                    "请输入一个实数："));
        number2 = Float.parseFloat(JOptionPane.showInputDialog(
                    "请输入另一个实数："));
        str = str + (number1 + number2);
        JOptionPane.showMessageDialog(null,str);
    }
    public static void main(String args[]){
        InputDemo ct = new InputDemo();
        System.exit(0);
    }
}
```

（2）编写应用程序，使用 System.in.read()方法读取用户从键盘输入的字节数据，按 Enter 键后，把从键盘输入的数据存放到数组 buffer 中，并将用户输入的数据保存为指定路径下的文件。

（3）编写应用程序，创建 BufferedReader 的对象，从某个文本文件中的字符输入数据流中读取一行字符（该文件与程序在同一目录下），跳过 10 个字节后将其显示出来。

实验 2 文件和目录管理

【实验目的】

（1）掌握文件对象的创建及常用方法。

（2）掌握目录的操作方法。

【实验内容】

（1）创建 AppendDemo 类，将 t1. txt 中的内容添加到 t2. txt 中。其中 t1. txt 和 t2. txt 文件要事先建立，t1. txt 文件的内容为"你好！"，t2. txt 文件的内容为"Java！"。

（2）在 E 盘创建名为 test 的文件夹，并在其中创建其他任意子文件夹；再创建名为 book 的文件夹，并在其中创建 myDemo. java 文件及 home 子文件夹，然后在 home 子文件夹中创建 hom1. txt 及 hom2. txt 文件。设计一个程序使其能删除 test 文件夹，也能显示 book 文件夹中的所有内容。

（3）创建程序文件 FileOperation，并分析程序功能。

【实验步骤】

1. 创建 AppendDemo 类，实现文件内容的添加

（1）选择 File→New→Java Project 命令，打开 New Java Project 对话框，在 Project name 文本框中输入"MyProject8"，单击 Finish 按钮关闭窗口。

（2）选择 File→New→Class 命令，打开 New Java Class 对话框，在 Name 文本框中输入"AppendDemo"，单击 Finish 按钮。

（3）在代码编辑器中输入以下代码并将代码补充完整。

```
import java.io. * ;
public class AppendDemo{
    public static void main(String args[]) throws IOException{
        FileReader in = _____("t1.txt");          //创建文件输入流
        BufferedReader bin = _____(in);          //创建缓冲流
        FileWriter out = new FileWriter("t2.txt",true);
        String s1;
        while((s1 = bin.readLine())!= null){
        System.out.println(s1);                          //将 s1 输出到显示器
            _____(s1 + "\n");                      //将 s1 写入 out 对象中
        }
        in.close();                                      //关闭输入流
        _____;                                        //关闭输出流
    }
}
```

（4）调试并运行程序，观察运行结果。

2. 删除文件夹及显示文件夹内容

（1）选择 File→New→Class 命令，打开 New Java Class 对话框，在 Name 文本框中输入"FileDemo"，单击 Finish 按钮。

（2）在代码编辑器中输入以下代码。

```java
import java.io.File;
public class FileDemo {
    public static void main(String[] args){
        File f = new File("e:\\book");
        printAllFile(f);
        File f1 = new File("e:\\test");
        deleteAllFile(f1);
    }
    /**
     * 打印 f 路径下所有的文件和文件夹
     * @param f 文件对象
     */
    public static void printAllFile(File f){
        //打印当前文件名
        System.out.println(f.getName());
        //是否为文件夹
        if(f.isDirectory()){
            //获得该文件夹下所有子文件和子文件夹
            File[] f1 = f.listFiles();
            //循环处理每个对象
            int len = f1.length;
            for(int i = 0;i < len;i++){
                //递归调用,处理每个文件对象
                printAllFile(f1[i]);
            }
        }
    }
    /**
     * 删除对象 f 下的所有文件和文件夹
     * @param f 文件路径
     */
    public static void deleteAllFile(File f){
        //文件
        if(f.isFile()){
            f.delete();
        }
        else{ //文件夹
            //获得当前文件夹下的所有子文件和子文件夹
            File f1[] = f.listFiles();
            //循环处理每个对象
            int len = f1.length;
            for(int i = 0;i < len;i++){
```

```
                    //递归调用,处理每个文件对象
                    deleteAllFile(f1[i]);
                }
            //删除当前文件夹
            f.delete();
        }
    }
}
```

（3）在 E 盘中创建名为 test 的文件夹,并在其中创建其他任意子文件夹。

（4）在 E 盘中创建名为 book 的文件夹,并在其中创建 myDemo.java 文件及 home 子文件夹,然后在 home 子文件夹中创建 hom1.txt 及 hom2.txt 文件。

（5）编译并运行程序,结果如图 8-2 所示。

图 8-2　FileDemo 程序运行结果

3. 创建 FileOperation 类并分析程序功能

（1）选择 File→New→Class 命令,打开 New Java Class 对话框,在 Name 文本框中输入"FileOperation",单击 Finish 按钮。

（2）在代码编辑器中输入以下代码。

```
import java.io. * ;
public class FileOperation{
    public static void main(String args[]){
        try{
            BufferedReader din = new BufferedReader(new
                                    InputStreamReader(System.in));
```

```
            String sdir = "test";
            String sfile;
            File Fdir1 = new File(sdir);
            if (Fdir1.exists()&&Fdir1.isDirectory()){
                System.out.println("There is a directory " + sdir + " exists.");
                for( int i = 0; i < Fdir1.list().length; i++)   //列出目录下的内容
                    System.out.println( (Fdir1.list())[i]);
                File Fdir2 = new File("test\\temp");
                if(!Fdir2.exists()) Fdir2.mkdir();                  //创建原不存在的目录
                    System.out.println();
                System.out.println("Now the new list after create a new dir:");
                for( int i = 0; i < Fdir1.list().length; i++)   //检查目录是否已建立
                    System.out.println( (Fdir1.list())[i]);
                System.out.println();
                System.out.println("Enter a file name in this directory:");
                sfile = din.readLine();                         //选取指定目录下的一个文件
                File Ffile = new File(Fdir1,sfile);
                if( Ffile.isFile() ){                           //显示文件有关信息
                    System.out.println("File " + Ffile.getName() + " in Path
                            " + Ffile.getPath() + " is " + Ffile.length() + " in length. ");
                }
            }else
                System.out.println("the directory doesn''t exist!");
        }//try
        catch(Exception e){
            System.out.println(e.toString());
        }
    }
}
```

（3）编译并运行程序，结果如图 8-3 所示。

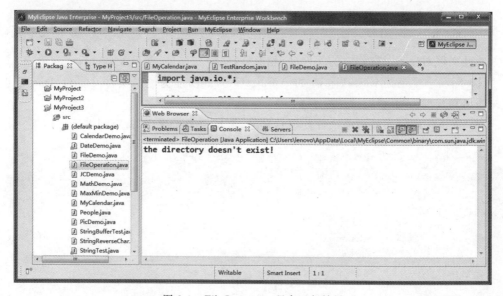

图 8-3   FileOperation 程序运行结果

（4）在 MyProject8 工程项目所在文件夹中建立一个文件夹，目录名为 test，向其中随意放入几个文件。

（5）再次编译并运行程序，在程序提示信息下输入文件名（包括文件扩展名），程序运行结果如图 8-4 所示。

（6）分析程序功能，掌握 Java 对目录操作的方法。

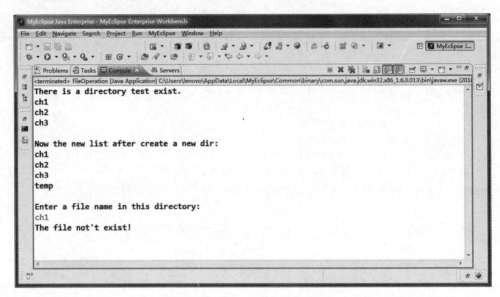

图 8-4　创建 test 后程序运行结果

【独立练习】

（1）在程序所在的目录下有子目录 b，目录 b 下有文本文件 testb.txt。编写应用程序，创建文件对象：

```
File file = new File("b/testb.txt");
```

通过文件对象 file 得到它的文件名、相对路径、绝对路径、父目录名。

（2）编写一个名为 Class1.java 的 Application，其功能为测验文件 Class1.java 是否存在并输出其长度。

（3）以下代码可实现过滤文件并显示功能，调试及运行程序，观察程序运行结果。

```java
import java.io. * ;
public class Class1{
    public static void main( String[ ] args ) {
        try{
            File oDir = new File( "." );
            String[ ] strList;
            //如果没有选项行参数就取当前目录下的所有文件列表
            if( 0 == args.length )
                strList = oDir.list( );
```

```
            else
                strList = oDir.list( new DirFilter(args[0]));
            for( int i = 0; i < strList.length; i ++)
                System.out.println( strList[ i ] );
        }
        catch( Exception e ) {
            System.out.println( e );
        }
    }
}
class DirFilter implements FilenameFilter{
    String strPick;
    DirFilter( String pickname ) {
        this.strPick = pickname;
    }
    public boolean accept( File dir, String name ) {
        return name.endsWith( strPick );
    }
}
```

第9章 GUI 图形用户界面

实验 1 常用 GUI 界面与事件处理

【实验目的】

(1) 了解 Java 系统图形用户界面的工作原理和界面设计步骤。

(2) 掌握图形用户界面的各种常用组件的使用方法。

(3) 掌握图形用户界面中的事件处理机制。

【实验要求】

编写一个算术测试小软件，用它来训练小学生的算术能力。程序由 3 个类组成：Teacher 类对象负责给出算术题目，并判断回答者的答案是否正确；ComputerFrame 类对象负责为算术题目提供视图，例如，用户可以通过 ComputerFrame 类对象提供的 GUI 界面看到题目，并通过该 GUI 界面给出题目的答案；MainClass 是软件的主类。

【实验步骤】

1. Teacher 类的实现

(1) 选择 File→New→Java Project 命令，打开 New Java Project 对话框，在 Project name 文本框中输入"MyProject9"，单击 Finish 按钮关闭窗口。

(2) 选择 File→New→Class 选项，打开 New Java Class 对话框，在 Name 文本框中输入"Teacher"，单击 Finish 按钮。

(3) 在代码编辑器中输入以下代码，并将代码补充完整。

```java
public class Teacher{
    int numberOne,numberTwo;
    String operator = "";
    boolean right;
    public int giveNumberOne(int n) {
        numberOne = _____;          //生成 n 以内的整数
        return numberOne;
    }
```

```java
public int giveNumberTwo( int n) {
    numberTwo = _____;          //生成 n 以内的整数
    return numberTwo;
}
public String giveOperator(){
    double d = _____;           //生成随机数
    if(d >= 0.5)
        operator = " + ";
    else
        operator = " - ";
    return operator;
}
public boolean getRight( int answer) {
    if(_____){                  //判断 operator 是否为" + "
        if(answer == numberOne + numberTwo)
            right = true;
        else
            right = false;
    }
    else if(_____){             //判断 operator 是否为" - "
        if(answer == numberOne - numberTwo)
            right = true;
        else
            right = false;
    }
    return right;
}
}
```

2. ComputerFrame 类的实现

（1）选择 File→New→Class 选项，打开 New Java Class 对话框，在 Name 文本框中输入"ComputerFrame"，单击 Finish 按钮。

（2）在代码编辑器中输入以下代码并将代码补充完整。

```java
import java. awt. * ;
import java. awt. event. * ;

public class ComputerFrame extends Frame implements ActionListener{
    TextField textOne, textTwo, textResult;
    Button getProblem, giveAnwser;
    Label operatorLabel, message;
    Teacher teacher;
    ComputerFrame(String s) {
        super(s);
        teacher = new Teacher();
        setLayout(new FlowLayout());
        textOne = _____;        //创建 textOne,其可见字符长是 10
        textTwo = _____;        //创建 textTwo,其可见字符长是 10
```

```java
        textResult = _____;         //创建 textResult,其可见字符长是 10
        operatorLabel = new Label(" + ");
        message = new Label("你还没有回答呢");
        getProblem = new Button("获取题目");
        giveAnwser = new Button("确认答案");
        add(getProblem);
        add(textOne);
        add(operatorLabel);
        add(textTwo);
        add(new Label(" = "));
        add(textResult);
        add(giveAnwser);
        add(message);
        textResult.requestFocus();
        textOne.setEditable(false);
        textTwo.setEditable(false);
        //将当前窗口注册为 getProblem 的 ActionEvent 事件监视器
        _____;
        //将当前窗口注册为 giveAnwser 的 ActionEvent 事件监视器
        _____;
        //将当前窗口注册为 textResult 的 ActionEvent 事件监视器
        _____;
        setBounds(100,100,450,100);
        _____;                       //设置可见性
        validate();
        addWindowListener(new WindowAdapter(){
            public void windowClosing(WindowEvent e) {
                _____;               //退出软件
            }
        }
    );
}

public void actionPerformed(ActionEvent e) {
    if(_____){                       //判断事件源是否为 getProblem
        int number1 = teacher.giveNumberOne(100);
        int number2 = teacher.giveNumberTwo(100);
        String operator = teacher.giveOperator();
        textOne.setText("" + number1);
        textTwo.setText("" + number2);
        operatorLabel.setText(operator);
        message.setText("请回答");
        textResult.setText(null);
    }
    if(_____){                       //判断事件源是否为 giveAnwser
        String answer = textResult.getText();
        try{
            int result = Integer.parseInt(answer);
            if(teacher.getRight(result) == true) {
```

```
                message.setText("你回答正确");
             }
          else{
                message.setText("你回答错误");
             }
          }
       catch(NumberFormatException ex) {
          message.setText("请输入数字字符");
          }
       }
    textResult.requestFocus();
    validate();
    }
}
```

3. MainClass 主类的实现

(1) 选择 File → New → Class 选项，打开新建类窗口，在 Name 文本框中输入 "MainClass"，单击 Finish 按钮。

(2) 在代码编辑器中输入以下代码并将代码补充完整。

```
public class MainClass{
    public static void main(String args[]){
        ComputerFrame frame;
        frame = _____;   //创建窗口,其标题为"算术测试"
    }
}
```

4. 编译并运行程序

(1) 编译并运行程序，运行结果如图 9-1(a)所示。单击窗口中的"获取题目"按钮，将产生相应的计算题目，如图 9-1 (b)所示。

(2) 试对程序进行修改，增加乘除运算功能。

(a)   (b)

图 9-1　MainClass 程序运行结果

【独立练习】

(1) 编写 Java 小程序，将小程序窗口右上的 1/4 区域用红色画成实心的长方形；将小程序窗口左下的 1/4 区域用蓝色画成实心的长方形。

(2) 编写小程序，响应键盘事件：按字母键 R，改变小程序背景色为 red；按字母键 B，改变小程序背景色为 blue；按字母键 G，改变小程序背景色为 green；按其他字母键，改变小程序背景色为 black。

GUI 图形用户界面

(3) 编写 Java Applet 程序,在小程序界面画一个彩色球,当按下键盘上的 4 个方向键时,彩色球能向指定的方向移动。

实验 2　布局管理器

【实验目的】

(1) 掌握 GUI 各种布局类的使用。

(2) 掌握 GUI 中 ActionEvent 的事件处理。

【实验要求】

编写一个应用程序,要求:有一个窗口,该窗口为 BorderLayout 布局。窗口的中心添加一个 Panel 容器 pCenter,pCenter 的布局是 7 行 7 列的 GridLayout 布局,pCenter 中放置 49 个标签,用来显示日历;窗口的北面添加一个 Panel 容器 pNorth,其布局是 FlowLayout 布局,pNorth 放置两个按钮:nextMonth 和 previousMonth,单击 nextMonth 按钮,可以显示当前月的下一月的日历;单击 previousMonth 按钮,可以显示当前月的上一月的日历。窗口的南面添加一个 Panel 容器 pSouth,其布局是 FlowLayout 布局,pSouth 中放置一个标签用来显示一些信息。

【实验步骤】

1. CalendarBean 类的实现

(1) 选择 File→New→Class 选项,打开 New Java Class 对话框,在 Name 文本框中输入"CalendarBean",单击 Finish 按钮。

(2) 在代码编辑器中输入以下代码,并将代码补充完整。

```java
import java.util.Calendar;
public class CalendarBean {
    String   day[];
    int year = 2018, month = 0;
    public void setYear(int year) {
        _____;                    // 对成员变量 year 赋值
    }
    public int getYear()
        return year; {
    }
    public void setMonth(int month) {
        _____;                    // 对成员变量 month 赋值
    }
    public int getMonth(){
        return month;
    }
    public String[] getCalendar(){
```

```
        String a[] = new String[42];
        Calendar myCalendar = Calendar.getInstance();
        myCalendar.set(year,month - 1,1);
        int week = myCalendar.get(Calendar.DAY_OF_WEEK) - 1;
        int day = 0;
        if(_____){   //月份为 1、3、5、7、8、10、12
            day = 31;
        }
        if(month == 4||month == 6||month == 9||month == 11) {
            day = 30;
        }
        if(month == 2) {
            if(_____)   {//判断是否为闰年
                day = 29;
            }
            else{
                day = 28;
            }
        }
        for(int i = week,n = 1; i < week + day; i++){
            a[i] = String.valueOf(n) ;
          n++;
        }
         return a;
    }
}
```

2. CalendarFrame 类的实现

（1）选择 File→New→Class 选项，打开 New Java Class 对话框，在 Name 文本框中输入"CalendarFrame"，单击 Finish 按钮。

（2）在代码编辑器中输入以下代码，并将代码补充完整。

```
import java.util. * ;
import java.awt. * ;
import java.awt.event. * ;
import java.applet. * ;
public class CalendarFrame extends Frame implements ActionListener{
    Label labelDay[] = new Label[42];
    Button titleName[] = new Button[7];
    String name[] = {"日","一","二","三", "四","五","六"};
    Button nextMonth,previousMonth;
    int year = 2018,month = 10;
    CalendarBean calendar;
    Label showMessage = new Label("",Label.CENTER);
     public CalendarFrame(){
        Panel pCenter = new Panel();
        _____; //将 pCenter 的布局设置为 7 行 7 列的 GridLayout 布局
        for(int i = 0; i < 7; i++){
```

GUI 图形用户界面

```java
            titleName[i] = new Button(name[i]);
            _____;                    //pCenter 添加组件 titleName[i]
        }
        for(int i = 0; i < 42; i++) {
            labelDay[i] = new Label("", Label.CENTER);
            _____;                    //pCenter 添加组件 labelDay[i]
        }
        calendar = new  CalendarBean();
        calendar.setYear(year);
        calendar.setMonth(month);
        String day[] = calendar.getCalendar();
        for(int i = 0; i < 42; i++) {
            labelDay[i].setText(day[i]);
        }
        nextMonth = new Button("下月");
        previousMonth = new Button("上月");
        nextMonth.addActionListener(this);
        previousMonth.addActionListener(this);
        Panel pNorth = new Panel(),
        pSouth = new Panel();
        pNorth.add(previousMonth);
        pNorth.add(nextMonth);
        pSouth.add(showMessage);
        showMessage.setText("日历: " + calendar.getYear() + "年" +
        calendar.getMonth() + "月");
        ScrollPane scrollPane = new ScrollPane();
        scrollPane.add(pCenter);
        _____;                    // 窗口添加 scrollPane 在中心区域
        _____;                    // 窗口添加 pNorth 在北面区域
        _____;                    // 窗口添加 pSouth 在南面区域
    }
    public void actionPerformed(ActionEvent e) {
        if(_____ == nextMonth) {   //获取事件源
            month = month + 1;
            if(month > 12)
                month = 1;
            calendar.setMonth(month);
            String day[] = calendar.getCalendar();
            for(int i = 0; i < 42; i++){
                labelDay[i].setText(day[i]);
            }
        }
        else if(e.getSource() == previousMonth) {
            month = month - 1;
            if(month < 1)
                month = 12;
            calendar.setMonth(month);
            String day[] = calendar.getCalendar();
            for(int i = 0; i < 42; i++){
```

```
            labelDay[i].setText(day[i]);
        }
    }
    showMessage.setText("日历: " + calendar.getYear() + "年" +
            calendar.getMonth() + "月");
    }
}
```

3. CalendarMain 类的实现

(1) 选择 File→New→Class 选项,打开 New Java Class 对话框,在 Name 文本框中输入"CalendarMain",单击 Finish 按钮。

(2) 在代码编辑器中输入以下代码并将代码补充完整。

```
public class CalendarMain{
    public static void main(String args[]){
        CalendarFrame frame = new CalendarFrame();
        frame.setBounds(100,100,360,300);
        frame.setVisible(true);
        frame.validate();
        /*
        此段代码由学生独立完成
        功能: 利用匿名类实现 frame 窗口事件的监听
        当用户单击"关闭"按钮时退出该程序
        */
    }
}
```

4. 编译运行程序

(1) 编译并运行程序,运行结果如图 9-2 所示。

(2) 在 CalendarFrame 类中增加一个 TextField 文本框,用户可以通过在文本框中输入年份来修改 calendar 对象的 int 成员 year。

(3) 如何修改程序显示系统当前日期对应的日历? 试对程序进行修改。

图 9-2　CalendarMain 程序运行结果

GUI 图形用户界面

实验 3　鼠标与键盘事件

【实验目的】

(1) 了解 Java 中鼠标事件处理过程。

(2) 了解键盘事件处理过程。

(3) 掌握事件适配器的使用方法。

【实验要求】

(1) 编写一个程序,实现单击一个命令按钮,在窗口右侧显示当前单击鼠标的位置。

(2) 编写程序实现在窗口中显示一个黑色小球,按键盘上的上下左右方向键实现小球的移动。

【实验步骤】

1. 显示鼠标当前位置

(1) 选择 File→New→Class 选项,打开 New Java Class 对话框,在 Name 文本框中输入"Mouse",单击 Finish 按钮。

(2) 在代码编辑器中输入以下代码并将代码补充完整。

```java
import java.awt. * ;
import java.awt.event. * ;
import javax.swing. * ;

public class Mouse {
    public static void main(String[] args) {
        MouseExample f = new MouseExample();
        _____;                        //设置窗口尺寸为 300 像素 × 200 像素
        f.setDefaultCloseOperation(JFrame.EXIT_ON_CLOSE);
        _____;                        //设置窗口可见
    }
}

class MouseExample extends JFrame {
    private JTextArea txa = new _____;     //创建文本域对象
    private MouseLis mlis = new _____;     //创建 MouseLis 对象
    public MouseExample() {
        JButton btn = new JButton(" 请单击 ");
        btn.addMouseListener(mlis);
        txa.setEditable(false);
        this.getContentPane().add(btn, BorderLayout.WEST);
        this.getContentPane().add(new JScrollPane(txa), BorderLayout.CENTER);
    }

    class MouseLis extends _____ { //继承鼠标适配器)
```

```
    @Override
    public void mouseClicked(MouseEvent e) {
        int x = _____;    //获取鼠标 x 坐标位置
        int y = _____;    //获取鼠标 y 坐标位置
        txa.append("点击坐标: x = " + x + ",y = " + y + "\n");
    }
}
}
```

（3）编译并运行程序，运行结果如图 9-3 所示。

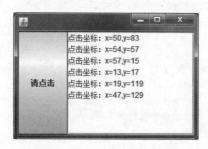

图 9-3　Mouse 程序运行结果

2. 移动黑色小球

（1）选择 File→New→Class 选项，打开 New Java Class 对话框，在 Name 文本框中输入"KeyDemo"，单击 Finish 按钮。

（2）在代码编辑器中输入以下代码并将代码补充完整。

```
import java.awt. * ;
import javax.swing. * ;
import java.awt.event. * ;
public class KeyDemo extends JFrame{
    MyPanel mp = null;
    public static void main(String[ ] args) {
        // TODO Auto - generated method stub
        KeyDemo test1 = new KeyDemo();
    }
    public KeyDemo(){
        mp = new MyPanel();

        this.add(mp);
        _____;                        //添加键盘事件监听器
        this.setSize(400, 300);
        this.setDefaultCloseOperation(JFrame.EXIT_ON_CLOSE);
        this.setVisible(true);
    }
}

class MyPanel extends JPanel implements KeyListener
{
```

```java
int x = 10;
int y = 10;
//重写 paint 方法
public void paint(Graphics g){
    super.paint(g);
    g.fillOval(x, y, 12, 12);
    //g.drawRect(50, 50, 10,5);
}
@Override
public void keyTyped(KeyEvent e) {
    // TODO Auto - generated method stub
    //System.out.println("被按下的是" + e.getKeyChar());
}
@Override
public void keyPressed(KeyEvent e) {
    // TODO Auto - generated method stub
    if(e.getKeyCode() == KeyEvent.VK_UP){
        _____;          //y 坐标值减 10
    }else if(e.getKeyCode() == KeyEvent.VK_DOWN){
        _____;          //y 坐标值加 10
    }else if(e.getKeyCode() == KeyEvent.VK_LEFT){
        _____;          //x 坐标值加 10
    }else if(e.getKeyCode() == KeyEvent.VK_RIGHT){
        _____;          //x 坐标值加 10
    }
    this.repaint();
}

@Override
public void keyReleased(KeyEvent e) {
    // TODO Auto - generated method stub
}
}
```

(3) 编译并运行程序,运行结果如图 9-4 所示。

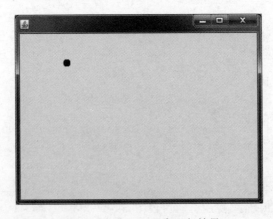

图 9-4　KeyDemo 程序运行结果

第 10 章　　　　　　线　　程

实验 1　利用继承创建线程

【实验目的】

(1) 掌握利用继承创建线程的方法。

(2) 掌握线程的基本状态切换。

(3) 理解用实现 Runnable 接口的方法实现多线程。

【实验内容】

(1) 在新线程中完成计算某个整数的阶乘。利用继承 Thread 类的方法创建 FactorialThread 类,其构造方法调用父类 Thread 的构造方法。重写父类的 run() 方法。主类 ThreadsTest 创建一个 FactorialThread 对象,并启动线程。观察程序运行结果,分析线程执行的原理。

(2) 用两个线程模拟存票、售票过程。

① 假定开始售票处并没有票,一个线程往里存票,另外一个线程则往出卖票。

② 新建一个票类对象,让存票和售票线程都访问它。采用两个线程共享同一个数据对象来实现对同一份数据的操作。

【实验步骤】

1. 线程的创建及启动

(1) 选择 File→New→Java Project 命令,打开 New Java Project 对话框,在 Project name 文本框中输入"MyProject10",单击 Finish 按钮关闭窗口。

(2) 选择 File→New→Class 命令,打开 New Java Class 对话框,在 Name 文本框中输入"ThreadsTest",单击 Finish 按钮。

(3) 在代码编辑器中输入以下代码,并将代码补充完整。

```
class FactorialThread _____ {        //继承 Thread 类
    private int num;
    public FactorialThread (int num) {
```

```
            _____;                           //调用其父类的构造方法
    }
    public void run() {                         //重写 run 方法
        int i = num;
        int result = 1;
        System.out.println("new thread started" );
        while(i > 0) {
            result = result * i;
            i = i - 1;
            try {
                _____;             //线程睡眠 1 秒以内的随机时间
            }
            catch (InterruptedException e) { }
        }
        System.out.println("The factorial of " + num + " is " + result);
        System.out.println("new thread ends"); //线程执行结束
    }
}
public class   ThreadsTest {
    public static void main (String args[ ]) {
        System.out.println("main thread starts");
        _____;                               //创建线程的名称为 thread
        _____;                               //启动线程
        System.out.println("main thread ends " );
    }
}
```

（4）编译并运行程序。

（5）再次运行程序，观察每次执行结果是否相同，若不相同，试解释不同的原因。

2. 售票模拟程序

（1）选择 File→New→Class 命令，打开新建类窗口，在 Name 文本框中输入"Contest"，单击 Finish 按钮。

（2）在代码编辑器中输入以下代码并将代码补充完整。

```
public class Contest {
    public static void main(String[ ] args) {
        Tickets t = new Tickets(10);
        new Consumer(t).start();
        new Producer(t).start();
    }
}
class Tickets {
    int number = 0;                 //票号
    int size;                       //总票数
    boolean available = false;      //表示目前是否有票可售
    public Tickets(int size) {      //构造函数,传入总票数参数
        this.size = size;
```

```
        }
}
class Producer extends Thread{
    Tickets t = null;
    public Producer(Tickets t) {
        _____;
    }
    public void run(){
        while( _____ ){
            System. out. println("Producer puts ticket " + (++t. number));
            t. available = true;
        }
    }
}
class Consumer extends Thread { //售票线程
    Tickets t = null;
    int i = 0;
    public Consumer(Tickets t) {
        this. t = t;
    }
    public void run(){
        while(i < t. size)  {
            if(_____)
                System. out. println("Consumer buys ticket " + (++i));
            if(i == t. number)
                t. available = false;
        }
    }
}
```

（3）编译并运行程序，并观察运行结果。运行程序 5 次，观察每次运行结果是否相同。

【独立练习】

汉字打字练习。

```
//WordThread. java
import java.awt. * ;
public class WordThread extends Thread{
    char word;
    int k = 19968;
    Label com;
    WordThread(Label com) {
        this. com = com;
    }
    public void run(){
        k = 19968;
        while(true) {
            word = (char)k;
```

```
            com.setText("" + word);
            try{
                _____//调用 sleep 方法使得线程中断 6000 毫秒
             }
            catch(InterruptedException e){}
             k++;
             if(k>=29968)
                 k=19968;
        }
    }
}
//ThreadFrame.java
import java.awt. * ;
import java.awt.event. * ;
public class ThreadFrame extends Frame implements ActionListener{
    Label   wordLabel;
    Button button;
    TextField inputText,scoreText;
    _____                        //用 WordThread 声明一个 giveWord 对象
    int score=0;
    ThreadFrame(){
        wordLabel=new Label(" ",Label.CENTER);
        wordLabel.setFont(new Font("",Font.BOLD,72));
        button=new Button("开始");
        inputText=new TextField(3);
        scoreText=new TextField(5);
        scoreText.setEditable(false);
        //创建 giveWord,将 wordLabel 传递给 WordThread 构造方法的参数

        _____
        button.addActionListener(this);
        inputText.addActionListener(this);
        add(button,BorderLayout.NORTH);
        add(wordLabel,BorderLayout.CENTER);
        Panel southP=new Panel();
        southP.add(new Label("输入标签所显示的汉字后回车:"));
        southP.add(inputText);
        southP.add(scoreText);
        add(southP,BorderLayout.SOUTH);
        setBounds(100,100,350,180);
        setVisible(true);
        validate();
        addWindowListener(new WindowAdapter(){
            public void windowClosing(WindowEvent e) {
                System.exit(0);
            }
        }
        );
    }
    public void actionPerformed(ActionEvent e) {
        if(e.getSource()==button) {
```

```
            if(!(_____))    {   //giveWord 调用方法 isAlive()
                giveWord = new WordThread(wordLabel);
            }
            try
            {    _____//giveWord 调用方法 start()
            }
            catch(Exception exe){}
        }
        else if(e.getSource() == inputText) {
            if(inputText.getText().equals(wordLabel.getText())){
                score++;
            }
            scoreText.setText("得分:" + score);
            inputText.setText(null);
        }
    }
}
//WordThread.java
public class ThreadWordMainClass{
    public static void main(String args[]){
        new ThreadFrame();
    }
}
```

实验 2　利用 Runnable 接口创建线程

【实验目的】

(1) 理解用实现 Runnable 接口的方法实现多线程。

(2) 掌握线程优先级的设置。

(3) 加深对线程状态转换的理解。

【实验内容】

(1) 利用继承 Thread 类的方法创建 ThreadUseExtends 类，利用实现 Runnable 接口的方法创建 ThreadUseRunnable 类。主类 ThreadStateDemo 实现两个线程对象的启动及主线程的挂起操作。

(2) 利用多线程实现旋转的行星。

【实验步骤】

1. 线程的两种创建方式及状态转换

(1) 选择 File → New → Class 命令，打开新建类窗口，在 Name 文本框中输入"ThreadStateDemo"，单击 Finish 按钮。

(2) 在代码编辑器中输入以下代码，并将代码补充完整。

```java
import java.io. * ;
public class ThreadStateDemo{
    public static void main(String args[]){
        System.out.println("我是主线程!");

        ThreadUseExtends thread1 = new ThreadUseExtends();

        //创建 thread2 时以实现了 Runnable 接口的 ThreadUseRunnable 类实例为参数
        Thread thread2 = new Thread(_____,"SecondThread");

        _____;                    //启动线程 thread1 使之处于就绪状态
        _____;                    //设置 thread1 的优先级为 6
        System.out.println("主线程将挂起 7 秒!");
        try{
            _____;                //主线程挂起 7 秒
        }catch (InterruptedException e){
            return;
        }

        System.out.println("又回到了主线程!");
        if(thread1.isAlive()){
            _____;                //如果 thread1 还存在则结束它的运行
            System.out.println("thread1 休眠过长,主线程结束了 thread1 的运行!");
        }else
            System.out.println("主线程没发现 thread1,thread1 已醒顺序执行结束了!");

        _____;                    //启动 thread2
        System.out.println("主线程又将挂起 7 秒!");
        try{
            _____;                //主线程挂起 7 秒
        }catch (InterruptedException e){
            return;
        }

        System.out.println("又回到了主线程!");
        if(thread2.isAlive()){
            _____;                //如果 thread2 还存在则结束它的运行
            System.out.println("thread2 休眠过长,主线程结束 thread2 的运行!");
        }else
            System.out.println("主线程没发现 thread2,thread2 已醒顺序执行结束了!");

        System.out.println("程序结束按任意键继续!");
        try{
            System.in.read();
        }catch (IOException e){
            System.out.println(e.toString());
        }

    }//main
```

```
}//MultiThread


class ThreadUseExtends extends Thread{
    ThreadUseExtends() { }
    public void run(){
        System.out.println("我是 Thread 子类的线程实例!");
        System.out.println("我将挂起 10 秒!");
        System.out.println("回到主线程,请稍等,刚才主线程挂起可能还没醒过来!");
        try{
            sleep(10000);
        }catch (InterruptedException e){
            return;
        }
    }
}



class ThreadUseRunnable _____{    //实现 Runnable 接口
    ThreadUseRunnable(){}                        //构造函数
    public void run(){
        System.out.println("我是 Thread 类的线程实例并以实现了 Runnable 接口的类为
参数!");
        System.out.println("我将挂起 1 秒!");
        System.out.println("回到主线程,请稍等,刚才主线程挂起可能还没醒过来!");
        try{
            Thread.sleep(1000);
        }catch (InterruptedException e){
            return;
        }
    }
}
```

（3）编译并运行程序。

（4）通过 setPriority( )修改线程的优先级或修改线程的休眠时间,观察程序运行结果。

2. 旋转的行星实现

（1）选择 File→New→Class 命令,打开 New Java Class 对话框,在 Name 文本框中输入"ThreadRotateMainClass",单击 Finish 按钮。

（2）在代码编辑器中输入以下代码,并将代码补充完整。

```
// Mycanvas.java
import java.awt. * ;
public class Mycanvas extends Canvas {
    int r;
    Color c;
    public void setColor(Color c) {
        this.c = c;
    }
```

```java
    public void setR(int r) {
        this.r = r;
    }
    public void paint(Graphics g) {
        g.setColor(c);
        g.fillOval(0,0,2 * r,2 * r);
    }
    public int getR(){
        return r;
    }
}
// Planet.java
import java.awt. * ;
public class Planet extends Panel implements Runnable{
    _____                    //用 Thread 类声明一个 moon 对象
    Mycanvas yellowBall;
    double pointX[ ] = new double[360],
    pointY[ ] = new double[360];            //用来表示画布左上角端点坐标的数组
    int w = 100, h = 100;
     int radius = 30;
     Planet(){
        setSize(w,h);
        setLayout(null);
        yellowBall = new Mycanvas();
        yellowBall.setColor(Color.yellow);
        add(yellowBall);
        yellowBall.setSize(12,12);
         yellowBall.setR(12/2);
         pointX[0] = 0;
         pointY[0] = - radius;
        double angle = 1 * Math.PI/180;        //刻度为 1 度
        for(int i = 0;i < 359;i++) {           //计算出数组中各个元素的值
            pointX[i + 1] = pointX[i] * Math.cos(angle) - Math.sin(angle) * pointY[i];
            pointY[i + 1] = pointY[i] * Math.cos(angle) + pointX[i] * Math.sin(angle);
        }
        for(int i = 0;i < 360;i++) {
            pointX[i] = pointX[i] + w/2;        //坐标平移
            pointY[i] = pointY[i] + h/2;
        }
        yellowBall.setLocation((int)pointX[0] - yellowBall.getR(),
                            (int)pointY[0] - yellowBall.getR());
        _____
                                //创建 moon 线程,当前面板作为该线程的目标对象
    }
    public void start(){
        try{  moon.start();
        }
        catch(Exception exe){}
    }
    public void paint(Graphics g) {
        g.setColor(Color.blue);
```

```
            g.fillOval(w/2 - 9, h/2 - 9, 18, 18);
    }
    public void run() {
        int i = 0;
        while(true) {
            i = (i + 1) % 360;
            yellowBall.setLocation((int)pointX[i] - yellowBall.getR(),
                                   (int)pointY[i] - yellowBall.getR());
            try{ _____    // Thread 类调用类方法 sleep 使得线程中断 10 毫秒
            }
            catch(InterruptedException e){}
        }
    }
}
// HaveThreadFrame.java
import java.awt. * ;
import java.awt.event. * ;
public class HaveThreadFrame extends Frame implements Runnable{
        _____                      //用 Thread 类声明一个 rotate 对象
    Planet earth;
    double pointX[ ] = new double[360],
           pointY[ ] = new double[360];
    int width, height;
    int radius = 120;
    HaveThreadFrame(){
        rotate = new Thread(this);
        earth = new Planet();
        setBounds(0, 0, 360, 400);
        width = getBounds().width;
        height = getBounds().height;
        pointX[0] = 0;
        pointY[0] = - radius;
        double angle = 1 * Math.PI/180;
        for(int i = 0; i < 359; i++)  {
            pointX[i + 1] = pointX[i] * Math.cos(angle) - Math.sin(angle) * pointY[i];
            pointY[i + 1] = pointY[i] * Math.cos(angle) + pointX[i] * Math.sin(angle);
        }
        for(int i = 0; i < 360; i++)  {
            pointX[i] = pointX[i] + width/2;
            pointY[i] = pointY[i] + height/2;
        }
        setLayout(null);
        setVisible(true);
        validate();
        addWindowListener(new WindowAdapter()
                        { public void windowClosing(WindowEvent e)
                            { System.exit(0);
                            }
                        }
                        );
```

```
        add(earth);
        earth.setLocation((int)pointX[0] - earth.getSize().width/2,
                          (int)pointY[0] - earth.getSize().height/2);
        earth.start();
        _____     //用 rotate 调用 start 方法
    }
    public void run(){
        int i = 0;
        while(true) {
            i = (i + 1) % 360;
            earth.setLocation((int)pointX[i] - earth.getSize().width/2,
                              (int)pointY[i] - earth.getSize().height/2);
            try{ Thread.sleep(100);
            }
             catch(InterruptedException e){}
        }
    }
    public void paint(Graphics g) {
            g.setColor(Color.red);
            g.fillOval(width/2 - 15, height/2 - 15, 30, 30);
    }
}
// ThreadRotateMainClass.java
public class ThreadRotateMainClass{
    public static void main(String args[]){
        new HaveThreadFrame();
    }
}
```

(3) 编译并运行程序,观察运行结果。

【独立练习】

编写 Applet 小程序,利用 Runnable 接口创建多线程,实现小球在小程序窗口中左右不断反弹的动画。

第11章　网络编程

实验 1　网络程序开发基础

【实验目的】

(1) 掌握 URL 对象的各种常用方法。

(2) 掌握 URLConnection 对象的使用。

【实验内容】

(1) 根据给定的 http 地址 http://localhost/index.html，解析出其中的协议名、主机名、端口号及文件名等内容。

(2) 设计一个简单的 HTML 代码读取程序，主要利用 URL 类及 URLConnection 类的对象及方法，http 地址为 sohu 的首页面。

【实验步骤】

1. URL 对象的常用方法

(1) 选择 File→New→Java Project 命令，打开 New Java Project 对话框，在 Project name 文本框中输入"MyProject11"，单击 Finish 按钮关闭。

(2) 选择 File→New→Class 命令，打开 New Java Class 对话框，在 Name 文本框中输入"URLTest"，单击 Finish 按钮。

(3) 在代码编辑器中输入以下代码，并将代码补充完整。

```java
import java.net. * ;
import java.io. * ;
public class URLTest {
    public static void main(String[ ] args){
        URL url = null;
        InputStream is;
        try{
            url = new URL("http://localhost/index.html");
            is = url.openStream();
            int c;
```

```
        try{
            while((c = is.read())!=-1)
                System.out.print((char)c);
        }catch(IOException e){
        }finally{
            is.close();
        }
    }catch(MalformedURLException e){
        e.printStackTrace();
    }catch(IOException e){
        e.printStackTrace();
    }
    System.out.println("文件名:" + _____);
    System.out.println("主机名:" + _____);
    System.out.println("端口号:" + _____);
    System.out.println("协议名:" + _____);
    }
}
```

（4）编译并运行程序。

2. HTML 代码读取程序

（1）选择 File→New→Class 命令，打开 New Java Class 对话框，在 Name 文本框中输入"URLConnectionReader"，单击 Finish 按钮。

（2）在代码编辑器中输入以下代码，并将代码补充完整。

```
import java.net. * ;
import java.io. * ;
public class URLConnectionReader {
    public static void main(String[] args) throws Exception {
        URL web = new URL("http://www.sohu.com/");
        URLConnection webc = web.openConnection();
        //get an instance of URLConnection
        BufferedReader in = new BufferedReader(new InputStreamReader(
                            webc.getInputStream()));
        //use of URLConnection
        String inputLine;
        //将读取的内容赋值给 inputLine 变量且其不为空时
        while ( _____ )
            System.out.println(inputLine);
        _____            //关闭读取流
    }
}
```

（3）编译并运行程序。

【独立练习】

调试并运行下段程序，分析运行结果。

```java
import java.awt. * ;
import java.awt.event. * ;
import java.net. * ;
import java.io. * ;
public class ReadURLSource{
    public static void main(String args[]){
        new NetWin();
    }
}


class NetWin extends Frame implements ActionListener,Runnable{
    Button button;
    URL url;
    TextField text;
    TextArea area;
    byte b[] = new byte[118];
    Thread thread;
    NetWin(){
        text = new TextField(20);
        area = new TextArea(12,12);
        button = new Button("确定");
        button.addActionListener(this);
        thread = new Thread(this);
        Panel p = new Panel();
        p.add(new Label("输入网址:"));
        p.add(text);
        p.add(button);
        add(area,BorderLayout.CENTER);
        add(p,BorderLayout.NORTH);
        setBounds(60,60,360,300);
        setVisible(true);
        validate();
        addWindowListener(new WindowAdapter()
                    {   public void windowClosing(WindowEvent e)
                        { System.exit(0);
                        }
                    });
    }
    public void actionPerformed(ActionEvent e) {
        if(!(thread.isAlive()))
            thread = new Thread(this);
        try{
                thread.start();
        }
        catch(Exception ee) {
            text.setText("我正在读取" + url);
        }
    }
    public void run(){
```

```
try {
    int n =- 1;
    area. setText(null);
    String name = text. getText(). trim();
    _____                          //使用字符串 name 创建 url 对象
    String hostName = _____        //url 调用 getHost()
    int urlPortNumber = _____      //url 调用 getPort()
    String fileName = _____        //url 调用 getFile()
    InputStream in = _____         //url 调用方法返回一个输入流
    area. append("\n 主机:" + hostName + "端口:" + urlPortNumber +
        "包含的文件名字:" + fileName);
    area. append("\n 文件的内容如下:");
    while((n = in. read(b))!=- 1) {
        String s = new String(b,0,n);
        area. append(s);
    }
}
catch(MalformedURLException e1) {
    text. setText("" + e1);
    return;
}
catch(IOException e1) {
    text. setText("" + e1);
    return;
}
}
```

实验 2 Socket 编程

【实验目的】

(1) 掌握客户端服务器的基本概念。
(2) 掌握 Socket 通信的基本过程。
(3) 掌握 UDP 通信的常用方法。

【实验内容】

(1) 用 Socket 实现客户端和服务器交互的典型的 C/S 结构的演示程序设计。
(2) 基于 UDP 的简单的 Client/Server 程序设计。

【实验步骤】

1. 基于 Socket 的简单的 Client/Server 程序设计

(1) 在代码编辑器中输入以下代码并将代码补充完整。

```java
// 客户端程序
import java.io.*;
import java.net.*;
public class TalkClient {
    public static void main(String args[]) {
        try{
            Socket socket = new _____("127.0.0.1",4700);
            //向本机的 4700 端口发出客户请求
            BufferedReader sin = new BufferedReader(new
                InputStreamReader(System.in));
            //由系统标准输入设备构造 BufferedReader 对象
            PrintWriter os = new PrintWriter(socket.getOutputStream());
            //由 Socket 对象得到输出流,并构造 PrintWriter 对象
            BufferedReader is = new BufferedReader(new
                InputStreamReader(socket.getInputStream()));
            //由 Socket 对象得到输入流,并构造相应的 BufferedReader 对象
            String readline;
            readline = sin.readLine();          //从系统标准输入读入一字符串
            while(!readline.equals("bye")){
                //若从标准输入读入的字符串为 "bye"则停止循环
                os.println(readline);
                //将从系统标准输入读入的字符串输出到 Server
                os.flush();
                //刷新输出流,使 Server 马上收到该字符串
                System.out.println("Client:" + readline);
                //在系统标准输出上打印读入的字符串
                System.out.println("Server:" + is.readLine());
                //从 Server 读入一字符串,并打印到标准输出上
                readline = sin.readLine();      //从系统标准输入读入一字符串
            } //继续循环
            os.close();                         //关闭 Socket 输出流
            is.close();                         //关闭 Socket 输入流
            socket.close();                     //关闭 Socket
        }catch(Exception e) {
            System.out.println("Error" + e);    //出错,则打印出错信息
        }
    }
}
//服务器端程序
import java.io.*;
import java.net.*;
import java.applet.Applet;
public class TalkServer{
    public static void main(String args[]) {
        try{
            ServerSocket server = null;
            try{
                server = new _____(4700);
                //创建一个 ServerSocket 在端口 4700 监听客户请求
```

```java
    }catch(Exception e) {
        System.out.println("can not listen to:" + e);
        //出错,打印出错信息
    }
    Socket socket = null;
    try{
        socket = server.accept();
        //使用 accept()阻塞等待客户请求,有客户
        //请求到来则产生一个 Socket 对象,并继续执行
    }catch(Exception e) {
        System.out.println("Error." + e);
        //出错,打印出错信息
    }
    String line;
    BufferedReader is = new BufferedReader(new
        InputStreamReader(socket.getInputStream()));
    //由 Socket 对象得到输入流,并构造相应的 BufferedReader 对象
    PrintWriter os = newPrintWriter(socket.getOutputStream());
    //由 Socket 对象得到输出流,并构造 PrintWriter 对象
    BufferedReader sin = new BufferedReader(new
                InputStreamReader(System.in));
    //由系统标准输入设备构造 BufferedReader 对象
    System.out.println("Client:" + is.readLine());
    //在标准输出上打印从客户端读入的字符串
    line = sin.readLine();
    //从标准输入读入一字符串
    while(!line.equals("bye")){
        //如果该字符串为 "bye",则停止循环
        os.println(line);
        //向客户端输出该字符串
        os.flush();
        //刷新输出流,使 Client 马上收到该字符串
        System.out.println("Server:" + line);
        //在系统标准输出上打印读入的字符串
        System.out.println("Client:" + is.readLine());
        //从 Client 读入一字符串,并打印到标准输出上
        line = sin.readLine();
        //从系统标准输入读入一字符串
    }   //继续循环
    os.close();      //关闭 Socket 输出流
    is.close();      //关闭 Socket 输入流
    _____        //关闭 Socket
    _____        //关闭 ServerSocket
}catch(Exception e){
    System.out.println("Error:" + e);
    //出错,打印出错信息
}
    }
}
```

（2）调试程序，分析程序运行结果。

2. 基于 UDP 的简单的 Client/Server 程序设计

（1）在代码编辑器中输入以下代码。

```
//客户端程序 QuoteClient.java
import java.io.*;
import java.net.*;
import java.util.*;
public class QuoteClient {
    public static void main(String[] args) throws IOException   {
        if(args.length!= 1) {
        //如果启动的时候没有给出 Server 的名称,那么出错退出
            System.out.println("Usage:java QuoteClient < hostname >");
            //打印出错信息
            return;                        //返回
        }
        DatagramSocket socket = new DatagramSocklet();
        //创建数据报套接字
        Byte[] buf = new byte[256];            //创建缓冲区
        InetAddress address = InetAddress.getByName(args [0]);
        //由命令行给出第一个参数默认为 Server 的名称,通过它得到 Server IP 信息
        DatagramPacket packet = new DatagramPacket (buf, buf.length, address, 4445);
        //创建 DatagramPacket 对象
        socket.send(packet);                //发送
        packet = new DatagramPacket(buf,buf.length);
        //创建新的 DatagramPacket 对象,用来接收数据报
        socket.receive(packet);             //接收
        String received = new String(packet.getData());
        //根据接收到的字节数组生成相应的字符串
        System.out.println("Quote of the Moment:" + received );
        //打印生成的字符串
        socket.close();                     //关闭套接口
    }
}
//服务器端程序:QuoteServer.java
public class QuoteServer{
    public static void main(String args[]) throws java.io.IOException {
        new QuoteServerThread().start();
        //启动一个 QuoteServerThread 线程
    }
}
// 程序 QuoteServerThread.java
import java.io.*;
import java.net.*;
import java.util.*;
//服务器线程
public class QuoteServerThread extends Thread{
    protected DatagramSocket socket = null;
    //记录和本对象相关联的 DatagramSocket 对象
```

```java
protected BufferedReader in = null;
//用来读文件的一个 Reader
protected boolean moreQuotes = true;
//标志变量,是否继续操作
public QuoteServerThread() throws IOException {
    //无参数的构造函数
    this("QuoteServerThread");
    //以 QuoteServerThread 为默认值调用带参数的构造函数
}
public QuoteServerThread(String name) throws IOException {
    super(name);                            //调用父类的构造函数
    socket = new DatagramSocket(4445);
    //在端口 4445 创建数据报套接字
    try{
        in = new BufferedReader(new FileReader(" one - liners.txt"));
        //打开一个文件,构造相应的 BufferReader 对象
    }catch(FileNotFoundException e) {      //异常处理
        System.err.println("Could not open quote file. Serving time instead.");
        //打印出错信息
    }
}
public void run(){                          //线程主体
    while(moreQuotes) {
        try{
            byte[] buf = new byte[256];      //创建缓冲区
            DatagramPacket packet = new DatagramPacket(buf,buf.length);
            //由缓冲区构造 DatagramPacket 对象
            socket.receive(packet);          //接收数据报
            String dString = null;
            if(in == null) dString = new Date().toString();
            //如果初始化的时候打开文件失败了,则使用日期作为要传送的字符串
            else dString = getNextQuote();
            //否则调用成员函数从文件中读出字符串
            buf = dString.getByte();
            //把 String 转换成字节数组,以便传送
            InetAddress address = packet.getAddress();
            //从 Client 端传来的 Packet 中得到 Client 地址
            int port = packet.getPort();     //和端口号
            packet = new DatagramPacket(buf,buf.length,address,port);
            //根据客户端信息构建 DatagramPacket
            socket.send(packet);             //发送数据报
        }catch(IOException e) {              //异常处理
            e.printStackTrace();             //打印错误栈
            moreQuotes = false;              //标志变量置 false,以结束循环
        }
    }
    socket.close();                          //关闭数据报套接字
}
```

```
    protected String getNextQuotes(){
//成员函数,从文件中读数据
    String returnValue = null;
    try {
        if((returnValue = in.readLine()) =  = null) {
            //从文件中读一行,如果读到了文件尾
            in.close( );      //关闭输入流
            moreQuotes = false;
            //标志变量置 false,以结束循环
            returnValue = "No more quotes. Goodbye.";
            //置返回值
        } //否则返回字符串,即为从文件读出的字符串
    }catch(IOEception e) {      //异常处理
        returnValue = "IOException occurred in server";
        //置异常返回值
    }
    return returnValue;          //返回字符串
    }
}
```

（2）编译并运行程序,分析程序运行机制。

【独立练习】

用数据报进行广播通信,使同时运行的多个客户程序能够接收到服务器发送来的相同的信息,显示在各自的屏幕上。调试下面的程序并分析程序运行结果。

```
// 客户端程序:MulticastClient.java
import java.io. * ;
import java.net. * ;
import java.util. * ;
public class MulticastClient {
    public static void main(String args[ ]) throws IOException  {
        MulticastSocket socket = new MulticastSocket(4446);
        //创建 4446 端口的广播套接字
        InetAddress address = InetAddress.getByName("230.0.0.1");
        //得到 230.0.0.1 的地址信息
        socket.joinGroup(address);
        //使用 joinGroup()将广播套接字绑定到地址上
        DatagramPacket packet;
        for( int i = 0;i < 5;i++) {
            byte[ ] buf = new byte[256];
            //创建缓冲区
            packet = new DatagramPacket(buf,buf.length);
            //创建接收数据报
            socket.receive(packet);           //接收
            String received = new String(packet.getData());
            //由接收到的数据报得到字节数组,并由此构造一个 String 对象
            System.out.println("Quote of theMoment:" + received);
```

```
                    //打印得到的字符串
            } //循环 5 次
            socket.leaveGroup(address);
            //把广播套接字从地址上解除绑定
            socket.close();                              //关闭广播套接字
        }
    }
    //服务器端程序:MulticastServer.java
    public class MulticastServer{
        public static void main(String args[]) throws java.io.IOException {
            new MulticastServerThread().start();
            //启动一个服务器线程
        }
    }
    //程序 MulticastServerThread.java
    import java.io. * ;
    import java.net. * ;
    import java.util. * ;
    public class MulticastServerThread extends QuoteServerThread {
    //从 QuoteServerThread 继承得到新的服务器线程类 MulticastServerThread
        Private long FIVE_SECOND = 5000;                    //定义常量,5 秒
        public MulticastServerThread(String name) throws IOException {
            super("MulticastServerThread");
            //调用父类,也就是 QuoteServerThread 的构造函数
        }
        public void run() //重写父类的线程主体{
        while(moreQuotes) {
        //根据标志变量判断是否继续循环
            try{
                byte[] buf = new byte[256];
                //创建缓冲区
                String dString = null;
                if(in == null) dString = new Date().toString();
                //如果初始化的时候打开文件失败了,则使用日期作为要传送的字符串
                else dString = getNextQuote();
                //否则调用成员函数从文件中读出字符串
                buf = dString.getByte();
                //把 String 转换成字节数组,以便传送 send it
                InetAddress group = InetAddress.getByName("230.0.0.1");
                //得到 230.0.0.1 的地址信息
                DatagramPacket packet = new
                        DatagramPacket(buf, buf.length, group, 4446);
                //根据缓冲区、广播地址和端口号创建 DatagramPacket 对象
                socket.send(packet);                          //发送该 Packet
                try{
                    sleep((long)(Math.random() * FIVE_SECONDS));
                    //随机等待一段时间,0~5 秒
                }catch(InterruptedException e) { }          //异常处理
                }catch(IOException e){                        //异常处理
```

```
                    e.printStackTrace( );        //打印错误栈
            moreQuotes = false;              //置结束循环标志
        }
    }
    socket.close( );                         //关闭广播套接口
    }
}
```

第 12 章 | Java 数据库操作

实验 1　JDBC-ODBC 连接数据库

【实验目的】

(1) 了解 JDBC-ODBC 工作的基本原理。

(2) 掌握 ODBC 数据源的创建过程。

(3) 掌握 JDBC-ODBC 连接数据库的方法。

(4) 掌握对数据库的操作过程。

【实验要求】

(1) 在 D:\javaExecise 下创建 Access 数据库,数据库名为 mydatabase. accdb(所创建的数据库为 Access 2010),在数据库中创建 book1 表,字段名分别为 ID(自动序号)、产品名及单价。

(2) 设置 ODBC 数据源 myDB,其数据库类型为 Microsoft Access,数据库为 D:\javaExecise\mydatabase. accdb。

(3) 编写程序读取数据库 book1 表中的各字段值,并要有异常处理。

【实验步骤】

1. 创建 Access 数据库及数据表

(1) 选择“开始”→“所有程序”→Microsoft Office→Microsoft Access 2010 命令进入 Microsoft Access 2010,界面如图 12-1 所示。

(2) 单击“空白数据库”按钮,再单击右下角的“创建”按钮进入 Access 2010 工作界面。

(3) 如图 12-2 所示,输入各字段名及数据值,并保存表为 book1,数据库名为 mydatabase,保存在 D:\javaExecise 目录下。

(4) 退出 Access 2010 应用程序。

图 12-1　Microsoft Access 2010 工作界面

图 12-2　输入 book1 表的内容

2. 创建 ODBC 数据源 myDB

（1）选择"开始"→"控制面板"→"系统和安全"→"管理工具"→"数据源（ODBC）"命令，进入"ODBC 数据源管理器"对话框，如图 12-3 所示。

（2）选择"系统 DSN"选项卡，单击"添加"按钮，进入"创建新数据源"对话框，如图 12-4 所示，选择 Microsoft Access Driver（ * . mdb， * . accdb）选项，单击"完成"按钮。

（3）在打开的"ODBC Microsoft Access 安装"对话框中输入数据源名"myDB"，如图 12-5 所示，单击"选择"按钮。

Java 数据库操作

图 12-3 "ODBC 数据源管理器"对话框（1）

图 12-4 "创建新数据源"对话框

图 12-5 "ODBC Microsoft Access 安装"对话框

（4）在打开的"选择数据库"对话框中选择"D:\javaExecise\mydatabase.accdb"数据库作为连接的数据库。

（5）单击"确定"按钮返回"ODBC 数据源管理器"对话框，如图 12-6 所示，完成 ODBC数据源的创建。

图 12-6 "ODBC 数据源管理器"对话框（2）

3. 编写程序读取表中各字段值

（1）选择 File→New→Java Project 命令，打开 New Java Project 对话框，在 Project name 文本框中输入"MyProject12"，单击 Finish 按钮关闭窗口。

（2）选择 File→New→Class 命令，打开 New Java Class 窗口，在 Name 文本框中输入"JdbcOdbcConnection"，单击 Finish 按钮。

（3）在代码编辑器中输入以下代码。

```
import java.sql. * ;
public class JdbcOdbcConnection {
    String sDBDriver = null;
    String sConnStr = null;
    String user = null;
    String pass = null;
    Connection conn = null;
    Statement stmt = null;

    /**
     * 加载数据库驱动程序,构造函数
     */
    public JdbcOdbcConnection() {
        sDBDriver = "sun. jdbc. odbc. JdbcOdbcDriver";
        sConnStr = "jdbc:odbc:myDB";
        user = "";
        pass = "";
```

```java
        try {
            Class.forName(sDBDriver);
        }
        catch (ClassNotFoundException classnotfoundexception) {
            System.err.println("加载驱动程序失败: " +
                        classnotfoundexception.getMessage());
        }
    }


    /**
     * 获得数据库连接操作
     */
    public void getConnection() {
        try {
            conn = DriverManager.getConnection(sConnStr, user, pass);
            //conn.setAutoCommit(false);
            stmt = conn.createStatement();
        }
        catch (SQLException sqlexception) {
            System.err.println("获得数据库连接失败: " + sqlexception.getMessage());
        }
    }
    /**
     * 数据库查询操作
     * 参数 sql 为要查询的 sql 语句
     * 成功返回结果集,否则返回 null
     * @return ResultSet
     */
    public ResultSet executeQuery(String s) {
        try {
            if (conn == null)
            getConnection();
            if (stmt == null)
                stmt = conn.createStatement();
            ResultSet rs = stmt.executeQuery(s);
            return rs;
        }
        catch (SQLException sqlexception) {
            System.err.println("查询失败: " + sqlexception.getMessage());
            return null;
        }
    }


    /**
     * 数据库更新操作
     * 参数 sql 为要更新的 sql 语句
     * 更新成功返回 true,否则返回 false
     * @return boolean
     */
```

```java
public boolean executeUpdate(String s) {
    try {
        if (conn == null)
            getConnection();
        if (stmt == null)
            stmt = conn.createStatement();
        stmt.executeUpdate(s);
        return true;
    }
    catch (SQLException sqlexception) {
        System.err.println("更新操作失败: " + sqlexception.getMessage());
        return false;
    }
}


/**
 * 数据库更新的批处理操作
 * 参数 sql 为数组变量,存储要更新的 sql 语句
 * 更新成功返回 true,否则返回 false
 * @return boolean
 */
public boolean updateBatch(String sql[]) {
    try {
        if (conn == null)
            getConnection();
        if (stmt == null)
            stmt = conn.createStatement();
        for (int i = 0; i < sql.length; i++) {
            if (sql[i]!= null)
                stmt.addBatch(sql[i]);
        }
        stmt.executeBatch();
        return true;
    }
    catch (Exception e) {
        System.out.println("批处理操作失败: " + e.toString());
        return false;
    }
}

/**
 * 提交事务对象
 */
public void commit() {
    try {
        conn.commit();
    }
    catch (Exception e) {
        System.out.println(e.toString());
```

Java 数据库操作

```
        }
    }


    /**
     * 撤销事务对象
     */
    public void rollback() {
        try {
            conn.rollback();
        }
        catch (Exception e) {
            System.out.println(e.toString());
        }
    }


    /**
     * 关闭数据库连接
     */
    public void close() {
        try {
            if (stmt!= null)
                stmt.close();
            if (conn!= null)
                conn.close();
        }
        catch (Exception e) {
            System.out.println(e.toString());
        }
    }

    public static void main(String args[]){
        JdbcOdbcConnection Conn = new JdbcOdbcConnection();
        try{
            ResultSet rs = Conn.executeQuery(
                "select * from book1 where 产品名 like '% 散热器 %'");
            System.out.println("ID    产品名         单价");
            while(rs.next())   {
                System.out.print(rs.getString(1) + "   ");
                System.out.print(rs.getString(2) + "   ");
                System.out.println(rs.getString(3));
            }
        }
        catch(SQLException e)   {
            System.out.println(e.toString());
        }
    }
}
```

（4）编译并运行程序，观察运行结果。

（5）对 main( )方法进行修改，调用此类的 updateBatch( )方法，对数据库中的数据进行更新操作。

（6）创建基于 MySQL 数据库的 JDBC-ODBC 数据源，修改程序针对 MySQL 数据库中的数据进行读取。

【独立练习】

编程实现如下功能：在数据库中建立一个表，表名为学生，其结构为编号、姓名、性别、年龄、Java 语言、数据结构、微机原理、总分。在表中输入多条记录。将表中每条记录按照总分从大到小的顺序显示在屏幕上。查找并显示姓名为"张三"的记录。（要求图形界面）

🖰 知识提示

操作步骤如下：

（1）设计一个图形界面。

（2）建立一个数据库，在数据库中建立一个表，表名为职工，其结构为编号、姓名、性别、年龄、Java 语言、数据结构、微机原理、总分，并在表中输入多条记录。

（3）创建 ODBC 数据源，利用 JDBC-ODBC 连接数据库。

（4）将每条记录按照总分从大到小的顺序显示在屏幕上。

（5）查找并显示姓名为"张三"的记录。

实验 2　JDBC 连接数据库

【实验目的】

（1）了解 JDBC 工作的基本原理。

（2）掌握 JDBC 连接所需要的 jar 包。

（3）掌握 JDBC 连接数据库的方法。

（4）掌握对数据库的操作过程。

【实验要求】

（1）利用 MySQL 创建数据库 test，并创建表 chengji，设置 userID、userName 及 score 这 3 个字段，并选择适当的数据类型及长度，对所创建的表输入测试数据。

（2）编写 GUI 图形用户界面程序，实现用 JDBC 与 test 数据库连接，读取表 chengji 中的数据，并在表格控件中显示。在 GUI 界面中，可以输入 SQL 语句，单击其中的"查询"按钮可以实现相关数据的查询。

（3）加载连接 MySQL 的 jar 包。

【实验步骤】

1. 创建 MySQL 数据库 test 及数据表 chengji

(1) 打开 IE 浏览器搜索 MySQL 的安装程序,下载并按安装向导提示进行安装。

(2) 搜索 Navicat MySQL 安装程序,下载并进行安装。

(3) 选择"开始"→"所有程序"→PremiumSoft→Navicat MySQL→Navicat MySQL 选项,启动 MySQL 客户端程序。

(4) 在左侧窗格中双击 localhost 打开数据库连接,如图 12-7 所示,右击鼠标在弹出的快捷菜单中选择 New Database 命令打开新建数据库对话框,在对话框中输入数据库名"test",单击 OK 按钮。

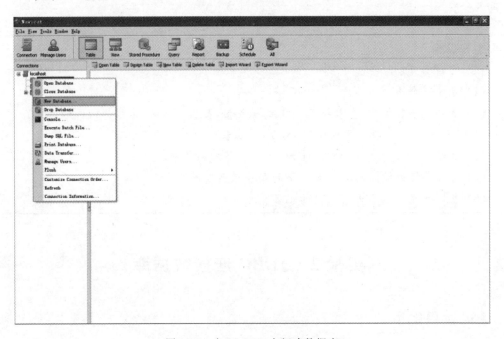

图 12-7 在 MySQL 中新建数据库

(5) 单击工具栏中的 New Table 按钮,打开表设计器 Table Design 窗口,如图 12-8 所示,输入各字段并设置其数据类型及长度、关键字等。在关闭设计器时会提示输入表名,此时输入数据表名"chengji"。

(6) 双击创建 chengji 表,打开表浏览器,如图 12-9 所示,输入测试数据,并关闭表浏览器。

2. 编写 GUI 图形用户界面程序

(1) 选择 File→New→Class 命令,打开 New Java Class 对话框,在 Name 文本框中输入"JdbcDemo",单击 Finish 按钮。

(2) 在代码编辑器中输入以下代码。

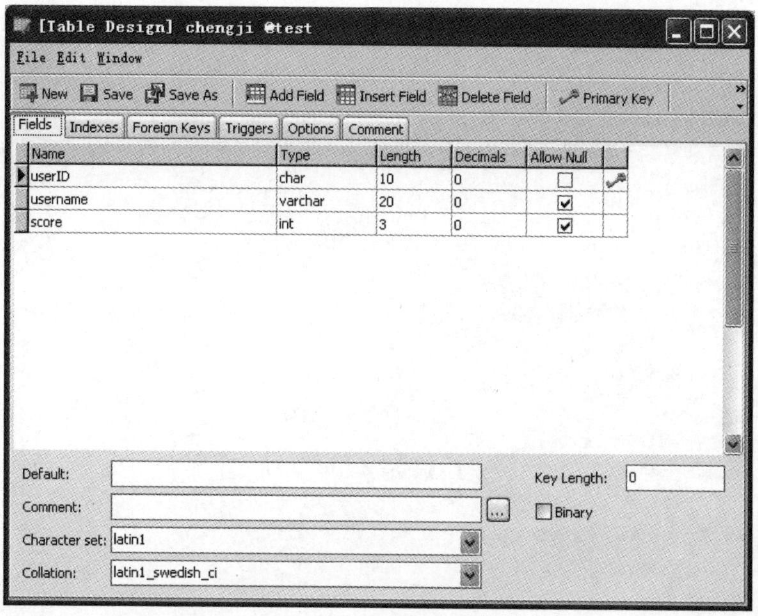

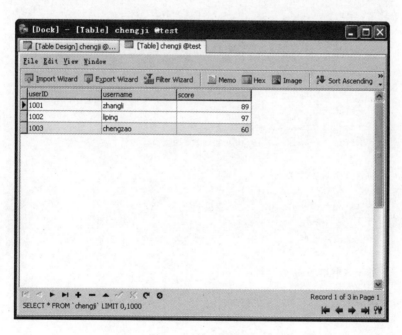

图 12-8 MySQL 的表设计器

图 12-9 输入表数据

```
import java.sql. * ;
import javax.swing. * ;
import java.awt. * ;
import java.awt.event. * ;
import java.util. * ;
```

```java
public class JdbcDemo extends JFrame {
    private Connection connection;
    private Statement statement;
    private ResultSet resultSet;
    private ResultSetMetaData rsMetaData;

    //GUI 变量定义
    private JTable table;
    private JTextArea inputQuery;
    private JButton submitQuery;

    public JdbcDemo(){

        //Form 的标题
        super( "输入 SQL 语句,按查询按钮查看结果。" );

        String url = "jdbc:MySQL://localhost:3306/test";
        String username = "root";
        String password = "";
        //加载驱动程序以连接数据库
        try {
            Class.forName( "org.gjt.mm.MySQL.Driver" );
            connection = DriverManager.getConnection(
            url, username, password );
        }
        //捕获加载驱动程序异常
        catch ( ClassNotFoundException cnfex ) {
            System.err.println("装载 JDBC/ODBC 驱动程序失败。" );
            cnfex.printStackTrace();
            System.exit( 1 );         // terminate program
        }
        //捕获连接数据库异常
        catch ( SQLException sqlex ) {
            System.err.println( "无法连接数据库" );
            sqlex.printStackTrace();
            System.exit( 1 );         // terminate program
        }
        //如果数据库连接成功,则建立 GUI
        //SQL 语句
        String test = "SELECT * FROM chengji";
        inputQuery = new JTextArea( test, 4, 30 );
        submitQuery = new JButton( "查询" );
        //Button 事件
        submitQuery.addActionListener(
            new ActionListener() {
                public void actionPerformed( ActionEvent e ) {
                    getTable();
                }
            });
        JPanel topPanel = new JPanel();
```

```java
        topPanel.setLayout( new BorderLayout() );
        //将"输入查询"编辑框布置到 "CENTER"
        topPanel.add( new JScrollPane( inputQuery), BorderLayout.CENTER );
        //将"提交查询"按钮布置到 "SOUTH"
        topPanel.add( submitQuery, BorderLayout.SOUTH );
        table = new JTable();
        Container c = getContentPane();
        c.setLayout( new BorderLayout() );
        //将"topPanel"编辑框布置到 "NORTH"
        c.add( topPanel, BorderLayout.NORTH );
        //将"table"编辑框布置到 "CENTER"
        c.add( table, BorderLayout.CENTER );
        getTable();
        setSize( 500, 300 );
        //显示 Form
        show();
    }

    private void getTable(){
        try {
            //执行 SQL 语句
            String query = inputQuery.getText();
            statement = connection.createStatement();
            resultSet = statement.executeQuery( query );
            //在表格中显示查询结果
            displayResultSet( resultSet );
        }
        catch ( SQLException sqlex ) {
            sqlex.printStackTrace();
        }
    }

    private void displayResultSet( ResultSet rs ) throws SQLException  {
        //定位到达第一条记录
        boolean moreRecords = rs.next();
        //如果没有记录,则提示一条消息
        if ( ! moreRecords ) {
            JOptionPane.showMessageDialog( this,   "结果集中无记录" );
            setTitle( "无记录显示" );
            return;
        }
        Vector columnHeads = new Vector();
        Vector rows = new Vector();
        try {
            //获取字段的名称
            ResultSetMetaData rsmd = rs.getMetaData();
            for ( int i = 1; i <= rsmd.getColumnCount(); ++i )
                columnHeads.addElement( rsmd.getColumnName( i ) );
            //获取记录集
            do {
```

```
                        rows. addElement( getNextRow( rs, rsmd ) );
                    } while ( rs.next() );
                    //在表格中显示查询结果
                    table = new JTable( rows, columnHeads );
                    JScrollPane scroller = new JScrollPane( table );
                    Container c = getContentPane( );
                    c. remove(1);
                    c. add( scroller, BorderLayout. CENTER );
                    //刷新 table
                    c. validate();
                }
                catch ( SQLException sqlex ) {
                    sqlex. printStackTrace();
                }
            }
            private Vector getNextRow( ResultSet rs, ResultSetMetaData rsmd )
                                            throws SQLException{
                Vector currentRow = new Vector();
                for ( int i = 1; i <= rsmd. getColumnCount(); ++i )
                    currentRow. addElement( rs. getString( i ) );
                    //返回一条记录
                    return currentRow;
            }

            public void shutDown()  {
                try {
                    //断开数据库连接
                    connection. close();
                }
                catch ( SQLException sqlex ) {
                    System. err. println( "Unable to disconnect" );
                    sqlex. printStackTrace();
                }
            }

            public static void main( String args[ ] ) {
                final JdbcDemo app = new JdbcDemo();
                app. addWindowListener(
                new WindowAdapter() {
                    public void windowClosing( WindowEvent e ) {
                        app. shutDown();
                        System. exit( 0 );
                    }
                });
            }
        }
```

（3）编译并运行程序，结果如图 12-10 所示。运行结果表明没有找到 MySQL 驱动程序。

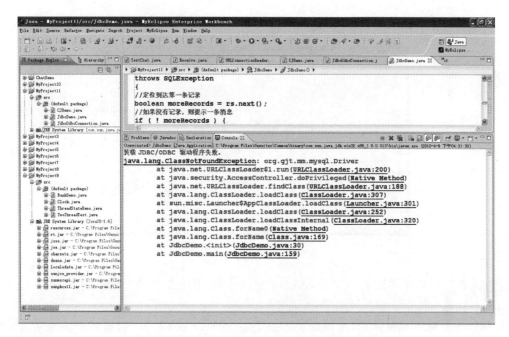

图 12-10　JdbcDemo 程序运行结果

3. 加载 MySQL 驱动程序的 jar 包

（1）打开 IE 浏览器，搜索 Java 利用 JDBC 连接 MySQL 数据库的连接驱动程序包 MySQL-connector-java-5.1.11-bin.jar 并下载到某一文件夹中。

（2）在 MyEclipse 主窗口左侧的 Package Explorer 树形结构中选择 MyProject12 并右击，在弹出的快捷菜单中选择 Build Path|Add External Archives 命令，打开 JAR Selection 对话框。

（3）在打开的对话框中查找下载的 MySQL 驱动程序包，选择并单击"打开"按钮，如图 12-11 所示，该驱动程序包将加载到 MyProject12 项目中。

图 12-11　加载 MySQL 驱动程序包

Java 数据库操作

（4）编译并运行程序,结果如图 12-12 所示。

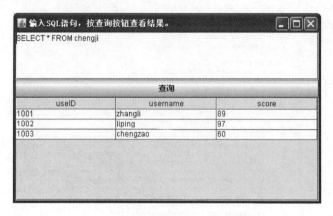

图 12-12　程序运行结果

（5）在运行结果界面上,修改 SELECT 查询语句,单击其中的"查询"按钮,观察程序运行结果。

（6）分析程序实现原理,考虑若要连接 SQL Server 或 Oracle 数据库应该如何修改程序,并应该做哪些辅助操作。

【独立练习】

创建一个学生成绩数据库,学生信息包含姓名、学号,以及高数、英语、计算机三门课的成绩,利用 JDBC 连接数据库,实现如下操作:

（1）根据学号或姓名进行成绩查询。

（2）根据学生的总成绩从高到低排序。

（3）向数据库中添加新的学生信息。

第 13 章　Java 习题解答

第 1 部分　Java 简介

一、简答题

1. Java 语言的诞生日是哪一天？它有哪些特点与优势？

2. Java 语言程序分为哪几种？Java Application 程序和 Java Applet 程序的主要区别是什么？

3. Java Application 程序在结构上有哪些特点？如何编译、运行？被编译后生成什么文件？该文件机器可以直接识别吗？如何执行？

4. 安装 JDK 后如何对 JAVA_HOME、Path 和 CLASSPATH 环境变量进行设置？它们的作用是什么？

5. Java 程序在书写上应注意哪些事项，有哪些编码规范？

6. 为什么要对程序进行注释？Java 中有哪几种注释？文档注释符与多行注释符有何不同？

二、选择题

1. 下面关于 Java Application 程序结构特点的描述中错误的是（　　　）。

　　A. 一个 Java Application 程序由一个或多个文件组成，每个文件中可以定义一个或多个类，每个类由若干个方法和变量组成

　　B. Java 程序中声明有 public 类时，则 Java 程序文件名必须与 public 类的类名相同，并区分大小写，扩展名为 .java

　　C. 组成 Java Application 程序的多个类中，有且仅有一个主类

　　D. 在一个 .java 文件中定义多个类时，允许其中声明多个 public 类

2. 编译 Java 程序后生成的面向 JVM 的字节码文件的扩展名是（　　　）。

　　A. .java　　　　　　　　B. .class　　　　　　　　C. .obj　　　　　　　　D. .exe

3. 下面关于 Java 语言特点的描述中错误的是（　　　）。

　　A. Java 是纯面向对象编程语言，支持单继承和多继承

　　B. Java 支持分布式的网络应用，可透明地访问网络上的其他对象

　　C. Java 支持多线程编程

　　D. Java 程序与平台无关、可移植性好

4. Java SE 的命令文件（java、javac、javadoc 等）所在目录是（　　　）。

　　A. %JAVA_HOME%\jre　　　　　　　　B. %JAVA_HOME%\lib

      C. %JAVA_HOME%\bin   D. %JAVA_HOME%\demo

5. 下列关于运行字节码文件的命令行参数的描述中，正确的是（　　）。

    A. 命令行的命令字被存放在 args[0]中

    B. 数组 args[]的大小与命令行的参数的个数无关

    C. 第一个命令行参数（紧跟命令字的参数）存放在 args[0]中

    D. 第一个命令行参数存放在 args[1]中

6. paint()方法使用的参数类型是（　　）。

    A. Graphics   B. Graphics2D   C. String   D. Color

7. 在 Java 的核心包中，提供编程应用的基本类的包是（　　）。

    A. java.util   B. java.lang   C. java.applet   D. java.rmi

8. 编译 Java 程序时，用于指定生成 class 文件位置的选项是（　　）。

    A. -d   B. -g   C. -verbose   D. -nowarn

9. 下列标识符（名称）命名原则中正确的是（　　）。

    A. 类名的首字母小写   B. 接口名的首字母小写

    C. 常量全部大写   D. 变量名和方法名的首字母大写

10. 下面属于正确的 main 方法说明的是（　　）。

    A. void main()

    B. private static void main(String args[])

    C. public main(String args[])

    D. public static void main(String args[])

11. 下面的注释方法能够支持 javadoc 命令的是（　　）。

    A. //   B. /*...*/   C. /**...*/   D. /**...**/

三、判断题

1. Java 语言具有较好的安全性和可移植性及与平台无关等特性。   （　　）

2. Java 语言的源程序不是编译型的，而是编译解释型的。   （　　）

3. Java Application 程序中，必有一个主方法 main()，该方法有没有参数都可以。

                                             （　　）

4. java.util.Scanner(System.in)可以接收用户从键盘输入的简单数据。   （　　）

5. Java 程序中不区分大小写字母。   （　　）

6. 机器不能直接识别字节码文件，它要经过 JVM 中的解释器边解释边执行。 （　　）

7. System 类中的 println()方法分行显示信息，而 print()方法不分行显示信息。

                                             （　　）

8. 当前路径的标识是"."。   （　　）

9. java 命令不区分大小写，而 javac 命令区分大小写。   （　　）

10. printf()和 format()方法使用指定格式字符串和参数，将格式化字符串写入到 PrintStream 类型的输出流（System.out 对象）中。   （　　）

11. 在运行字节码文件时，使用 java 命令一定要给出字节码文件的扩展名.class。

                                             （　　）

四、编程题

1. 分别用 UltraEdit、NetBeans、Eclipse、JBuilder 和 JCreator 编写一个 Java Application 程序,使该程序运行后输出字符串"Nothing is too difficult if you put your head into it ."。

2. 编写一个具有交互功能的 Java Application 程序,提示从键盘输入应付金额和实付金额后,计算并输出找零或欠付金额。

3. 编写一个 Java Applet 小应用程序,使该程序运行后输出字符串"Don't put off till tomorrow what should be done today."。

第 2 部分   Java 基础

一、填空题

1. 已知"int a=8,b=6;",则表达式++a−b++的值为_____。

2. 已知"boolean b1=true,b2;",则表达式! b1 && b2 ||b2 的值为_____。

3. 已知"double x=8.5,y=5.8;",则表达式 x++> y−−值为_____。

4. 已知"int a[ ]={2,4,6,8};",则表达式(a[0]+=a[1])+ ++a[2]值为_____。

5. 执行"int x, a=2, b=3, c=4;x = ++a + b++ + c++;"的结果是_____。

6. Java 中的显式类型转换既能_____,也能从高类型向低类型转换,而隐式类型转换只有前者。

7. 在 Java 中,字符串和数组是作为_____出现的。

8. 执行下列程序代码的输出结果是_____。

```
int a = 10;  int i, j;  i = ++a;  j = a--;
System.out.printf("%d, %d, %d", a, i, j);
```

9. 执行完"boolean x=false; boolean y=true; boolean z=(x&&y)&&(! y) ; int f=z== false? 1:2;"这段代码后,z 与 f 的值分别是_____和_____。

二、选择题

1. 在 Java 语言中,下面的标识符合法的是(   )。
   A. persons $ B. TwoUsers   C. * point   D. instanceof

2. 下列(   )是合法标识符。
   A. 2end   B. -hello   C. =AB   D. ABC

3. 已知"int i=2 147 483 647;++i;",则 i 的值等于(   )。
   A. − 2 147 483 648   B. 2 147 483 647   C. 2 147 483 648   D. −1

4. 若 x=5,y=8,则表达式 x|y 的值为(   )。
   A. 3   B. 13   C. 0   D. 5

5. 若定义有变量 float f1,f2 = 8.0F,则下列说法正确的是(   )。
   A. 变量 f1,f2 均被初始化为8.0
   B. 变量 f1 没有被初始化,f2 被初始化为8.0
   C. 变量 f1,f2 均未被初始化

D. 变量 f2 没有被初始化,f1 被初始化为 8.0

6. 基本数据类型 short 的取值范围是( )。

    A. −256~255   B. −32 768~32 767

    C. −128~127   D. 0~65 535

7. 下列( )是不能通过编译的语句。

    A. double d=545.0;   B. char a1="c";

    C. int i=321;   D. float f1=45.0f;

8. 若定义有"short s; byte b; char c;",则表达式 s * b + c 的类型为( )。

    A. char   B. short   C. int   D. byte

9. 下列关于数组的定义形式,错误的是( )。

    A. int[ ]c=new char[10];   B. int[ ][3]=new int[2][ ];

    C. int[ ]a; a=new int;   D. char b[ ]; b=new char[80];

10. 执行"String[] s=new String[10];"语句后,正确的结论是( )。

    A. s[0]为未定义   B. s. length 为 10

    C. s[9]为 null   D. s[10]为""

11. 下列关于 Java 语言的数组描述中,错误的是( )。

    A. 数组的长度通常用 length 表示   B. 数组下标从 0 开始

    C. 数组元素是按顺序存放在内存的   D. 数组在赋初值和赋值时都不判界

12. 下面的表达式( )是正确的。

    A. String s="你好";int i=3; s+=i;

    B. String s="你好";int i=3; if(i==s){ s+=i};

    C. String s="你好";int i=3; s=i+s;

    D. String s="你好";int i=3; s=i+;

    E. String s=null; int i=(s!=null)&&(s. length()>0)? s. length():0;

13. 下列代表十六进制整数的是( )。

    A. 012345   B. 2008   C. 0xfa08   D. fb05

14. 下列说法正确的是( )。

    A. 表达式"1+2>3"的值是 false   B. 表达式"1+2||3"是非法的表达式

    C. 表达式"i+j=1"是非法的表达式   D. 表达式"1+2>3"的值是 true

15. 下列表达式正确的是( )。

    A. byte=128;   B. long l=0xfffL;

    C. Boolean=null;   D. double=0.9239d;

分析下面的代码段:

16.
```java
public class T18 {
        static int arr[] = new int[10];
        public static void main(String a[]) {
                System.out.println(arr[1]);
        }
}
```

    下面说法中正确的是( )。

A. 编译时将产生错误　　　　　　　　　B. 编译时正确,运行时将产生错误

C. 输出零　　　　　　　　　　　　　　D. 输出空

17. 若"String s = "hello";　String t = "hello";　char c[] = {'h','e','l','l','o'} ;",
则下列能够返回 true 的表达式是(　　　)。

A. s. equals(t);　　　　　　　　　　B. t. equals(new String("hello"));

C. t. equals(c);　　　　　　　　　　D. s==t;

18. 下列关于"<<"和">>"的运算,(　　　)是正确的。

A. 0000 0100 0000 0000 0000 0000 0000 0000 << 5 的运行结果是
1000 0000 0000 0000 0000 0000 0000 0000

B. 0000 0100 0000 0000 0000 0000 0000 0000 << 5 的运行结果是
1111 1100 0000 0000 0000 0000 0000 0000

C. 1100 0000 0000 0000 0000 0000 0000 0000 >> 5 的运行结果是
1111 1110 0000 0000 0000 0000 0000 0000

D. 1100 0000 0000 0000 0000 0000 0000 0000 >> 5 的运行结果是
0000 0110 0000 0000 0000 0000 0000 0000

三、判断题

1. Java 语言使用的是 Unicode 字符集,每个字符在内存中占 8 位。　　　　　　　(　　)

2. Java 语言中不同数据类型的长度是固定的,不随机器硬件不同而改变。　　(　　)

3. 所有的变量在使用前都必须进行初始化。　　　　　　　　　　　　　　　　(　　)

4. 已知"byte i = (byte)127;i = i +1;",这两个语句能被成功编译。　　　　　(　　)

5. String str="abcdefghi";char chr=str. charAt(9);　　　　　　　　　　(　　)

6. char[] chrArray={ 'a', 'b', 'c', 'd', 'e', 'f', 'g'};char chr=chrArray[6];

(　　)

7. int i,j;boolean booleanValue=(i==j);　　　　　　　　　　　　　　　(　　)

8. int intArray[]={0,2,4,6,8};int length=int Array. length( );　　　　　(　　)

9. String str="abcdef"; int length=str. length;　　　　　　　　　　　(　　)

10. short shortValue=220;byte byteValue=shortValue;　　　　　　　　(　　)

11. int[] intArray[60];　　　　　　　　　　　　　　　　　　　　　　(　　)

12. char[] str="abcdefgh";　　　　　　　　　　　　　　　　　　　　(　　)

13. 说明或声明数组时不分配内存大小,创建数组时分配内存大小。　　　　　(　　)

14. 强制类型转换运算符的功能是将一个表达式的类型转换为所指定的类型。(　　)

四、分析题

1. 分析下面的程序,写出运行结果。

```java
public class Exercises {
    String str = new String("Hi !");
    char[] ch = { 'L', 'i', 'k', 'e' };
    public static void main(String args[]) {
        Exercises5_1 ex = new Exercises();
        ex. change(ex. str, ex. ch);
        System. out. print(ex. str + " ");
```

```
            System.out.print(ex.ch);
        }
    public void change(String str, char ch[]) {
            str = "How are you";
            ch[1] = 'u';
        }
}
```

2. 分析下面的程序,写出运行结果。

```
public class Exercises {
    public static void main(String args[]) {
        String str1 = new String();
        String str2 = new String("String 2");
        char chars[] = { 'a', '', 's', 't', 'r', 'i', 'n', 'g' };
        String str3 = new String(chars);
        String str4 = new String(chars, 2, 6);
        byte bytes[] = { 0x30, 0x31, 0x32, 0x33, 0x34, 0x35, 0x36, 0x37, 0x38, 0x39 };
        String str5 = new String(bytes);
        StringBuffer strb = new StringBuffer(str3);
        System.out.println("The String str1 is " + str1);
        System.out.println("The String str2 is " + str2);
        System.out.println("The String str3 is " + str3);
        System.out.println("The String str4 is " + str4);
        System.out.println("The String str5 is " + str5);
        System.out.println("The String strb is " + strb);
    }
}
```

五、简答题

1. Java 的关键字有哪些?

2. 标识符有何用途? Java 中定义标识符的规则有哪些?

3. Java 定义了哪些基本数据类型? 基本数据类型和引用数据类型的特点是什么? 字节型和字符型数据有何区别? 长度为 32 位的基本数据类型有哪些?

4. 整型常量有哪 3 种表示形式? 浮点型变量有哪两种表示形式? 布尔型常量可以转换成其他数据类型吗?

5. 在 Java 语言中,表示字符串常量和字符常量时应注意哪些问题?

6. 在 Java 转义字符表示中,ASCII 码值对应的字符如何表示? Unicode 字符集中对应的字符如何表示?

7. 什么是表达式语句? 什么是空语句? 什么是块语句? 可以把块语句视为一条语种吗?

8. 创建数组元素为基本数据类型的数组时,系统都会指定默认值吗? 布尔型的默认值是什么?

9. 在 Java 中怎样定义和使用一维数组、二维数组?

10. 字符串类 String 和 StringBuffer 类有何不同?

11. Java 中的数组实际上是一个隐含的"数组类"的对象,而数组名实际上是该对象的一个引用,这种说法对吗?

12. 字符数组与字符串有本质的不同,而字符串实际上是 String 类和 StringBuffer 类的对象,这种说法对吗?

第 3 部分　程序流程控制与数组

一、选择题

1. 下列循环语句的循环次数是(　　)。

```
int i = 5;
do { System. out. println(i -- );
     i -- ;
   }while(i!= 0);
```

A. 5　　　　　　　　B. 无限　　　　　　　C. 0　　　　　　　D. 1

2. 下列代码中,会出错的一行是(　　)。

```
①   public void modify() {
②       int I, j, k;
③       I = 100;
④       while (I > 0) {
⑤          j = I * 2;
⑥          System. out. println(" The value of j is " + j);
⑦          k = k + 1;
⑧          I -- ;
⑨       }
⑩   }
```

A. ④　　　　　　　　B. ⑥　　　　　　　　C. ⑦　　　　　　　D. ⑧

3. 在 switch(expression)语句中,expression 的数据型不能是(　　)。

A. char　　　　　　B. short　　　　　　C. double　　　　　D. byte

4. 执行下面的代码段:

```
switch(m){case 0: System. out. println("case 0");
        case 1: System. out. println("case 1"); break;
        case 2:
        default: System. out. println("default");
}
```

下列的 m 值将引起"default"的输出的是(　　)。

A. 0　　　　　　　　B. 1　　　　　　　　C. 2　　　　　　　D. 3

二、分析题

分析下面的程序,写出运行结果。

```
public class Exercises {
        public static void main(String[] args) {
                int n = 1, m, j, i;
                for (i = 3; i <= 30; i += 2) {
                        m = (int) Math.sqrt((double) i);
                        for (j = 2; j <= m; j++)
                                if ((i % j) == 0)
                                        break;
                        if (j >= m + 1) {
                                System.out.print(i + "   ");
                                if (n % 5 == 0)
                                        System.out.print("\n");
                                n++;
                        }
                }
        }
}
```

三、改错题

1. 找出下列代码的错误部分，说明错误类型及原因，并更正。

```
public int m1 (int number[20]){
    number = new int[20];
    for(int i = 0;i < number.length;i++)
        number[i] = number[i - 1] + number[i + 1];
    return number;
}
```

2. 找出下列代码的错误部分，说明错误类型及原因，并更正。

```
①   int x = 1;
    while (x <= 10);
    { i++; }
② switch (n) {
      case 1:system.out.println(""The name is 1");
      case 2:system.out.println(""The name is 2");
      break;
  }
```

四、简答题

1. if 语句中，<条件表达式>一定是逻辑型表达式吗？switch 语句中，<语句序列>中一定有 break 语句吗？

2. while 循环语句与 do…while 循环语句有何不同？

3. for 循环语句中，关键字 for 后面括号内的表达式是否可以使用多个用逗号分隔的表达式？for…each 语句的特点是什么？

4. break 语句和 continue 语句有哪两种形式？

五、编程题

1. 编写一个程序,求 1!＋2!＋…＋10! 的值。

2. 编写一个程序,求 100 以内的全部素数。

3. 使用异或运算符"＾"实现两个整数的交换。

4. 编写一个程序,打印输出下列 5×5 螺旋方阵。

$$
\begin{array}{ccccc}
1 & 2 & 3 & 4 & 5 \\
16 & 17 & 18 & 19 & 6 \\
15 & 24 & 25 & 20 & 7 \\
14 & 23 & 22 & 21 & 8 \\
13 & 12 & 11 & 10 & 9
\end{array}
$$

5. 给出任意两个日期,编程计算它们相距的天数。

6. 编写一个程序,输出下列图形。

```
    *
   ***
  *****
   ***
    *
```

7. 编程验证哥德巴赫猜想,即任何大于 6 的偶数可以表示为两素数之和,如 10＝3＋7。

8. 百鸡百钱问题,公鸡每只 3 元,母鸡每只 5 元,小鸡 3 只 1 元,用 100 元钱买 100 只鸡,公鸡、母鸡和小鸡各买多少?

9. 编写一个程序,利用数组把 10 个数用直接交换方法从小到大排序。

10. 编写一个程序,用选择法对数组 a[]＝{9,5,3,12,22,35,88,11,90,1}进行由小到大的排序。

11. 找出一个二维数组的鞍点,即该位置上的元素在该行上最大、在列上最小(也可能没有)。

12. 编写一个程序,打印输出 10 行杨辉三角形。

13. 编写一个程序,实现字符串的大小写字母的相互转换。

14. 编写一个程序,找出两个字符串中所有相同的字符。

15. 编写一个程序,对字符串数组按字典序重新排列。

16. 编写一个程序,分析输出字符串中的单词,并统计单词个数。

17. 编写一个程序,将字符串". ymene tsrow sih si nam yrevE"反转。

第 4 部分　类 和 对 象

一、填空题

1. 类是一组具有相同_____和_____的对象的抽象。_____是由某个特定的类所描述的一个个具体的对象。

2. _____只描述系统所提供的服务,而不包含服务的实现细节。

3. 模型应具有_____、_____、_____、_____和廉价性等基本特性。

4. 构造方法的方法名与_____相同,若类中没有定义任何的构造方法,则运行时系统会自动为该类生成一个_____方法。

5. 在方法体内定义的变量是_____,其前面不能加_____,且必须_____。

6. 数组元素作实参时对形参变量的数据传递是_____,数组名作实参时对形参变量的数据传递是_____。

7. 对象作方法形参时,方法实参也用对象,实现_____调用。

8. _____是一个特殊的方法,用于创建一个类的实例。

9. 对象拷贝有_____、_____和_____ 3 种。

10. _____方法不能直接访问其所属类的_____变量和_____方法,只可直接访问其所属类的_____变量和_____方法。

11. _____变量在内存中只有一个副本,被该类的所有对象共享;每当创建一个实例,就会为_____变量分配一次内存,_____变量可以在内存中有多个拷贝,互不影响。

12. Java 使用固定于首行的_____语句来创建包。

13. 在运行时,由 java 解释器自动引入,而不用 import 语句引入的包是_____。

14. 发布 Java 应用程序或类库时,通常可以使用 JDK 中自带的_____命令打包。

二、简答题

1. 名词解释：OO、OOSE、OOA、OOD、OOP；抽象、对象、类、实例、方法、属性、消息、接口、封装、继承、多态性。

2. 简述面向对象的基本思想、主要特征和基本要素。

3. 为什么要对类进行封装？封装的原则是什么？

4. 类的封装性、继承性和多态性各自的内涵是什么？

5. 简述依赖、关联和聚集的区别。

6. 什么是对象？什么是类？二者有何关系？

7. Java 中类定义的一般格式是什么？定义类的修饰符有哪些？各自的特点是什么？

8. Java 中成员变量定义的一般格式是什么？成员变量有哪些修饰符？

9. Java 中成员方法定义的一般格式是什么？成员方法有哪些修饰符？

10. 简述构造方法的特点与作用。

11. Java 中创建对象的一般格式是什么？如何初始化对象？如何给对象赋值？

12. 什么是类变量(静态变量)？什么是实例变量？它们的存储特性、访问方法、主要区别是什么？

13. 什么是类方法(静态方法)？什么是实例方法？它们的存储特性、访问方法、主要区别是什么？

14. 什么是包？如何创建包？如何引用包？

15. import 语句和 package 语句的功能分别是什么？

16. 举例说明 JAR 包的创建、加载与运行方法。

三、选择题

1. 下面关于封装性的描述中,错误的是(   )。
    A. 封装体包含属性和行为
    B. 被封装的某些信息在外不可见
    C. 封装提高了可重用性
    D. 封装体中的属性和行为的访问权限相同

2. 下面关于类方法的描述,错误的是(   )。
    A. 使用关键字 static 来说明类方法
    B. 类方法和实例方法一样均占用对象的内存空间
    C. 类方法能用实例和类名调用
    D. 类方法只能处理类变量或调用类方法

3. 下面关于包的描述中,错误的是(   )。
    A. 包是若干对象的集合
    B. 使用 package 语句创建包
    C. 使用 import 语句引入包
    D. 包分为有名包和无名包两种

4. 下述说法正确的是(   )。
    A. 用 static 关键字声明实例变量
    B. 实例变量是类的成员变量
    C. 局部变量在方法执行时创建
    D. 局部变量在使用之前必须初始化

5. 下面代码段不是正确的 Java 源程序的是(   )。
    A. import java. io. * ;
       package testpackage;
       public class Test{/ * do something... * /}

    B. import java. io. * ;
       class Person{/ * do something... * /}
              public class Test{/ * do something... * /}

    C. import java. io. * ;
       import java.awt. * ;
       public class Test{/ * do something... * /}

    D. package testpackage;
       public class Test{/ * do something... * /}

四、判断题

1. 类是一种类型,也是对象的模板。　　　　　　　　　　　　　(   )
2. 类中说明的方法可以定义在类体外。　　　　　　　　　　　　(   )
3. 实例方法中不能引用类变量。　　　　　　　　　　　　　　　(   )
4. 创建对象时系统将调用适当的构造方法给对象初始化。　　　　(   )
5. 使用运算符 new 创建对象时,赋给对象的值实际上是一个引用值。　(   )
6. 对象赋值实际上是同一个对象具有两个不同的名字,它们都有同一个引用值。
　　　　　　　　　　　　　　　　　　　　　　　　　　　　(   )
7. 对象可作方法参数,对象数组不能作方法参数。　　　　　　　(   )
8. class 是定义类的唯一关键字。　　　　　　　　　　　　　　(   )
9. Java 语言会自动回收内存中的垃圾。　　　　　　　　　　　　(   )

五、分析题

分析下面的程序，写出运行结果。

```java
import java.awt. * ;
import java.applet. * ;
class MemberVar {
    static int sn = 30;
    final int fn;
    final int fk = 40;
    MemberVar() {
        fn = ++sn;
    }
}
public class Exercises extends Applet {
    public void paint(Graphics g) {
        MemberVar obj1 = new MemberVar();
        MemberVar obj2 = new MemberVar();
        g.drawString("obj1.fn = " + obj1.fn, 20, 30);
        g.drawString("obj1.fk = " + obj1.fk, 20, 50);
        g.drawString("obj2.fn = " + obj2.fn, 20, 70);
        g.drawString("obj2.fk = " + obj2.fk, 20, 90);
    }
}
```

六、改错题

1. 下面的程序中有若干个语法错误，找出后请改正。

```java
public class MyMainClass{
    public static void main(   )      {
        TheOtherClass obj = new TheOtherClass("John Smith","Male","UK");
        System.out.println(obj.name + ' ' + obj.gender + ' ' + obj.nationality);
    }
System.out.println("The end of the program! ")
}
public class TheOtherClass{
    private String name,gender,nationality;
    public TheOtherClass(String name,String gender,String nationality)   {
        this.name = name;
        this.gender = gender;
        this.nationality = nationality;
    }
}
```

2. 下面的程序中有若干个语法错误，找出后请改正。

```java
public class Car{
            private String carName;
            public int mileage;
```

```
                    private static final int TOP_SPEED = 50;
                    abstract void alert();
                    public static int getTopSpeed(){
                                return TOP_SPEED;
            }
        public static void setCarName(){
                    carName = "Bensi";
            }
        public static void setMileage(){
                    mileage = 180;
            }
    }
```

七、编程题

计算出 Fibonacci 数列的前 n 项,Fibonacci 数列的第一项和第二项都是 1,从第三项开始,每项的值都是该项的前两项之和。即:

$$F(n) = F(n-1) + F(n-2) \qquad n \geqslant 3$$
$$F(1) = F(2) = 1 \qquad\qquad n = 1, 2$$

第 5 部分　类和对象的扩展

一、填空题

1. 在面向对象系统中,消息分为_____和_____两类。

2. 类的访问控制符有_____和_____两种,_____类具有跨包访问性而_____类不能被跨包访问。

3. 类成员的访问控制符有_____、_____、_____和默认 4 种。

4. public 类型的类成员可被_____、同一包中的_____和不同包中的_____代码访问引用。

5. protected 类型的类成员可被_____、同一包中的_____和不同包中的_____的代码访问引用。

6. default 类型的类成员只能被_____、同一包中的_____的代码访问引用。

7. private 类型的类成员只能被其所在类中的代码访问引用,它只具有_____域访问性。

8. 系统规定用_____表示当前类的构造方法,用_____表示直接父类的构造方法,在构造方法中两者只能选其一,且需放在第一条语句。

9. 若子类和父类在同一个包中,则子类继承父类中的_____、_____和_____成员,将其作为子类的成员,但不能继承父类的_____成员。

10. 若子类和父类不在同一个包中,则子类继承了父类中的_____和_____成员,将其作为子类的成员,但不能继承父类的_____和_____成员。

11. _____直接赋值给_____时,子类对象可自动转换为父类对象,_____赋值给_____时,必须将父类对象强制转换为子类对象。

12. Java 的多态性主要表现在_____、_____和_____ 3 个方面。

13. 重写后的方法不能比被重写的方法有_____的访问权限,重写后的方法不能比被重写的方法产生更多的异常。

14. Java 语言中,定义子类时,使用关键字_____来给出父类名。如果没有指出父类,则该类的默认父类为_____。

15. Java 语言中,重载方法的选择是在编译时进行的,系统根据_____、_____和参数顺序寻找匹配方法。

16. 实现接口中的抽象方法时,必须使用_____的方法头,并且还要用_____修饰符。

17. 接口中定义的数据成员均是_____,所有成员方法均为_____方法,且没有_____方法。

18. this 代表_____的引用,super 表示的是当前对象的直接父类对象。

19. 如果一个类包含一个或多个 abstract 方法,则它是一个_____类。

20. Java 不直接支持多继承,但可以通过_____实现多继承。类的继承具有_____性。

21. 没有子类的类称为_____,不能被子类重载的方法称为_____,不能改变值的量称为常量,又称为_____。

22. 一个接口可以通过关键字 extends 来继承_____其他接口。

23. 接口中只能包含_____类型的成员变量和_____类型的成员方法。

24. 一般地,内部类又分为定义在方法体外的_____和定义在方法体内的_____两种。

25. 静态内部类可直接通过外部类名引用,其一般格式是_____。

26. 匿名类一般分为_____和_____类两种。

27. 面向对象的软件设计中,根据目的不同模式可分为_____、_____和_____ 3 种。

二、简答题

1. 什么是继承? 什么是父类? 什么是子类? 继承的特性可给面向对象编程带来什么好处? 什么是单继承? 什么是多重继承?

2. 如何创建一个类的子类?

3. 若在一个 public 类中的成员变量及成员方法的访问控制符为 protected,则此类中的成员可供什么样的包引用?

4. 什么是多态? 使用多态有什么优点? Java 中的多态有哪几种? 重载方法与覆盖方法分别属于哪种多态?

5. 什么是重载方法? 什么是覆盖方法? 它们的主要区别是什么?

6. 什么是成员变量的继承? 什么是成员变量的覆盖?

7. 举例说明什么是上转型对象,上转型对象的操作原则是什么?

8. 简述接口定义的一般格式。

9. 什么是接口? 如何定义接口? 接口与类有何区别?

10. 一个类如何实现接口？实现某接口的类是否一定要重载该接口中的所有抽象方法？

11. 比较接口与抽象类的异同。

12. 什么是抽象类？什么是抽象方法？各自有什么特点？

13. 什么是最终类？什么是最终变量？什么是最终方法？

14. 简述内部类的类型。

15. 简述在外部类的内部与外部对实例成员类实例化的方法。

16. 简述定义语句匿名类和参数匿名的一般格式。

17. 什么是适配器模式？什么是装饰模式？

三、选择题

1. 下面关于类的继承性的描述中,错误的是(　　)。

    A. 继承是在已有的基础上生成新类的一种方法

    B. Java 语言要求一个子类只有一个父类

    C. 父类中成员的访问权限在子类中将被改变

    D. 子类继承父类的所有成员,但不包括私有的成员方法

2. 在成员方法的访问控制修饰符中,规定访问权限包含该类自身,同包的其他类和其他包的该类子类的修饰符是(　　)。

    A. 默认   B. protected   C. private   D. public

3. 在类的修饰符中,规定只能被同一包类所使用的修饰符是(　　)。

    A. public   B. 默认   C. final   D. abstract

4. 下列关于子类继承父类的成员描述中,错误的是(　　)。

    A. 当子类中出现成员方法头与父类方法头相同的方法时,子类成员方法覆盖父类中的成员方法

    B. 方法重载是编译时处理的,而方法覆盖是在运行时处理的

    C. 子类中继承父类中的所有成员都可以访问

    D. 子类中定义有与父类同名变量时,在子类继承父类的操作中,使用继承父类的变量;子类执行自己的操作中,使用自己定义的变量

5. 定义一个类名为"MyClass.java"的类,并且该类可被一个工程中的所有类访问,则下面声明中正确的是(　　)。

    A. public class MyClass extends Object

    B. public class MyClass

    C. private class MyClass extends Object

    D. class MyClass extends Object

6. 下列关于继承性的描述中,错误的是(　　)。

    A. 一个类可以同时生成多个子类

    B. 子类继承了父类中除私有的成员以外的其他成员

    C. Java 支持单重继承和多重继承

    D. Java 通过接口可使子类使用多个父类的成员

7. 下列关于抽象类的描述中,错误的是(　　　)。

    A. 抽象类是用修饰符 abstract 说明的

    B. 抽象类是不可以定义对象的

    C. 抽象类是不可以有构造方法的

    D. 抽象类通常要有它的子类

8. 设有如下类的定义:

```
public class parent {
    int change() {}
}
class Child extends Parent { }
```

则下面方法中可加入 Child 类中的是(　　　)。

    A. public int change(){ }   B. int chang(int i){ }

    C. private int change(){ }   D. abstract int chang(){ }

9. 下列关于构造方法的叙述中,错误的是(　　　)。

    A. 构造方法名与类名必须相同

    B. 构造方法没有返回值,且不用 void 声明

    C. 构造方法只能通过 new 自动调用

    D. 构造方法不可以重载,但可以继承

10. 下面的叙述中,错误的是(　　　)。

    A. 子类继承父类   B. 子类能替代父类

    C. 父类包含子类   D. 父类不能替代子类

11. 下列对多态性的描述中,错误的是(　　　)。

    A. Java 语言允许方法重载与方法覆盖

    B. Java 语言允许运算符重载

    C. Java 语言允许变量覆盖

    D. 多态性提高了程序的抽象性和简洁性

12. 下列关于接口的描述中,错误的是(　　　)。

    A. 一个类只允许继承一个接口

    B. 定义接口使用的关键字是 interface

    C. 在继承接口的类中通常要给出接口中定义的抽象方法的具体实现

    D. 接口实际上是由常量和抽象方法构成的特殊类

13. 欲构造 ArrayList 类的一个实例,此类继承了 List 接口,下列方法中正确的是(　　　)。

    A. ArrayList myList＝new Object();   B. ArrayList myList＝new List();

    C. List myList＝new ArrayList();   D. List myList＝new List();

14. 下列方法中与方法 public void add(int a){}一样都为合理的重载方法的是(　　　)。

    A. public void add(char a)   B. public int add(int a)

    C. public void add(int a,int b)   D. public void add(float a)

15. MAX_LENGTH 是 int 型 public 成员变量,变量值保持为常量 100,其定义是(　　)。

A. public int MAX_LENGTH＝100；

B. final public int MAX_LENGTH＝100；

C. public final int MAX_LENGTH＝100；

D. final int MAX_LENGTH＝100；

四、判断题

1. 在 Java 语言中,构造方法是不可以继承的。　　　　　　　　　　　　　　　(　　)

2. 子类的成员变量和成员方法的数目一定大于等于父类的成员变量和成员方法的数目。　　　　　　　　　　　　　　　　　　　　　　　　　　　　　　(　　)

3. 抽象方法是一种只有说明而无具体实现的方法。　　　　　　　　　　　　(　　)

4. 在 Java 语言中,所创建的子类都应有一个父类。　　　　　　　　　　　　(　　)

5. 调用 this 或 super 构造方法的语句必须放在第一条语句。　　　　　　　　(　　)

6. 一个类可以实现多个接口,接口可以实现"多重继承"。　　　　　　　　　(　　)

7. 实现接口的类不能是抽象类。　　　　　　　　　　　　　　　　　　　　(　　)

8. 使用构造方法只能给实例成员变量赋初值。　　　　　　　　　　　　　　(　　)

9. Java 语言不允许同时继承一个类并实现一个接口。　　　　　　　　　　　(　　)

五、分析题

1. 分析下面的程序,写出运行结果。

```java
public class Exercises extends TT{
        public void main(String args[]){
        Exercises6_1 t = new Exercises6_1("Tom");
    }
        public Exercises(String s){
        super(s);
        System.out.println("How do you do?");
    }
        public Exercises(){
        this("I am Tom");
    }
    }
    class TT{
        public TT(){
        System.out.println("What a pleasure!");
    }
        public TT(String s){
        this();
        System.out.println("I am " + s);
    }
    }
```

2. 分析下面的程序，写出运行结果。

```java
public class Exercises {
    private static int count;
    private String name;
    public class Student {
        private int count;
        private String name;
        public void Output(int count) {
            count++;
            this.count++;
            Exercises6_2.count++;
            Exercises6_2.this.count++;
            System.out.println(count + " " + this.count + " "
                        + Exercises6_2.count + " " + Exercises6_2.this.count++);
        }
    }
    public Student aStu() {
        return new Student();
    }
    public static void main(String args[]) {
        Exercises6_2 g3 = new Exercises6_2();
        g3.count = 10;
        Exercises6_2.Student s1 = g3.aStu();
        s1.Output(5);
    }
}
```

3. 分析下面的程序，写出运行结果。

```java
class Exercises {
    class Dog {
        private String name;
        private int age;
        public int step;
        Dog(String s, int a) {
            name = s;
            age = a;
            step = 0;
        }
        public void run(Dog fast) {
            fast.step++;
        }
    }
    public static void main(String args[]) {
        Exercises6_3 a = new Exercises6_3();
        Dog d = a.new Dog("Tom", 3);
        d.step = 29;
    }
}
```

```
        d. run(d);
        System. out. println(" " + d. step);
    }
}
```

4. 分析下面的程序，写出运行结果。

```
class Aclass {
    void go() { System. out. println("Aclass");   }
}
public class Bclass extends Aclass {
    void go() { System. out. println("Bclass"); }
    public static void main(String args[]) {
        Aclass a = new Aclass();
        Aclass a1 = new Bclass();
        a. go();
        a1. go();
    }
}
```

六、改错题

1. 找出下面代码的错误部分，说明错误类型及原因并更正。

```
public class Car {
    private String carName;
    public int mileage;
    private static final int TOP_SPEED = 200;
    abstract void alert();
    public static int getTopSpeed() {
        return TOP_SPEED;
    }
    public static void setCarName() {
        carName = "奥迪";
    }
    public static void setMileage() {
        mileage = 180;
    }
}
```

2. 下列代码不能编译的原因是什么？

```
class A {
    private int x;
    public static void main(String args[]) {   new B();
        }
    class B {
      B() {System. out. println(x);
    }
    }
}
```

七、编程题

1. 先在一个包中编写第一个类 ClassA,要求该类中具有 4 种不同访问权限的成员,再在另一个包中编写第二个类 ClassB,并在该类中编写一个方法以访问第一个类中的成员。总结类成员访问控制的基本规则。

2. 设计一个汽车类 Car,实现构造方法的重载,然后利用这些构造方法实例化不同的对象,输出相应的信息。

3. 设计一个乘法类 Multiplication,在其中定义 3 个同名的 mul 方法:第一个方法是计算两个整数的积;第二个方法是计算两个浮点数的积;第三个方法是计算 3 个浮点数的积。然后以 Java Applet 程序方式调用这 3 个同名的方法 mul,输出其测试结果。

4. 已知一个抽象类 AbstractShape,代码如下所示。

```
abstract class AbstractShape {
    final double PI = 3.1415926;
    public abstract double getArea( );
    public abstract double getGirth( );
}
```

请编写 AbstractShape 类的一个子类,使该子类实现计算圆面积的方法 getArea()和周长的方法 getGirth()。

5. 按下列要求编程:

(1) 编写一个抽象类,至少有一个常量和一个抽象方法。

(2) 编写二个抽象类的子类,重写定义抽象类中的抽象方法。

(3) 编写一个主类,使用 3 个类,进行某种运算。

6. 设计一个形状 Shapes 接口,在其中定义计算面积的 getArea()方法和求周长的 getPerimeter()方法,然后设计一个 Circle 类以实现 Shapes 接口中的两个方法,最后以 Java Application 程序方式测试前述接口及其实现类,输出其测试结果。

7. 使用继承和接口技术,编写一个程序,求解几何图形(如直线、三角形、矩形、圆和多边形)的周长和面积。

8. 使用继承和接口技术,编写一个程序,求解一元多次方程(如一元一次、一元二次和一元高次方程)的解。

9. 使用内部类技术构造一个线性链表。

第 6 部分　Java 常用系统类

一、简答题

1. 计算调用下列方法的结果。

```
Math.sqrt(4);
Math.pow(4, 3);
Math.max(2, Math.min(3, 4));
```

2. 下列程序中构造了一个 set 并且调用其方法 add(),输出结果是(   )。

```
import java.util. * ;
public class T1_2 {
    public int hashCode( ) {
        return 1;
    }
    public boolean equals(Object b) {
        return true;
    }
    public static void main(String args[]) {
        Set set = new HashSet( );
        set.add(new T1_2( ));
        set.add(new String("ABC"));
        set.add(new T1_2( ));
        System.out.println(set.size( ));
    }
}
```

3. Collection 有哪几种主要接口?

4. 基本的集合接口有哪些?

5. 映射、集合和列表的含义是什么?

6. HashMap 类和 TreeMap 类有何区别?

7. HashSet 类和 TreeSet 类有何区别?

8. ArrayList 类和 LinkedList 类有何区别?

二、选择题

1. 可实现有序对象的操作的是(   )。

    A. HashMap   B. HashSet   C. TreeMap   D. LinkedList

2. 迭代器接口(Iterator)所定义的方法是(   )。

    A. hasNext( )   B. next( )   C. remove( )   D. nextElement( )

3. 下列方法属于 java.lang.Math 类的有(方法名相同即可)(   )。

    A. random( )   B. abs( )   C. sqrt( )   D. pow( )

4. 下列表达式中正确的是(   )。

    A. double a=2.0;   B. Double a=new Double(2.0);

    C. byte A= 350;   D. Byte a = 120;

5. System 类在(   )包中。

    A. java.awt   B. java.lang   C. java.util   D. java.io

6. 关于 Float,下列说法正确的是(   )。

    A. Float 在 java.lang 包中

    B. Float a=1.0 是正确的赋值方法

    C. Float 是一个类

    D. Float a= new Float(1.0)是正确的赋值方法

三、判断题

1. Map 接口是自 Collection 接口继承而来。   (   )

2. 集合 Set 是通过"键-值"对的方式来存储对象的。 （　　）

3. Integer i＝(Integer. valueOf("926")). intValue( )；　　　　　　（　　）

4. String s＝(Double. valueOf("3. 1415926")). toString( )；　　　　（　　）

5. Integer I＝Integer. parseInt("926")；　　　　　　　　　　　　（　　）

6. Arrays 类主要对数组进行操作。 （　　）

7. 在集合中元素类型必须是相同的。 （　　）

8. 集合中可以包含相同的对象。 （　　）

9. 枚举接口定义了具有删除功能的方法。 （　　）

四、编程题

1. 编程生成 10 个 1～100 的随机数,并统计每个数出现的概率。

2. 使用 HashMap 类保存由学号和学生姓名所组成的"键-值"对,比如"201809188"和"John Smith",然后按学号的自然顺序将这些"键-值"对一一打印出来。

3. 编写一个程序,使用 Map 实现对学生成绩单的存储和查询,并将成绩排序存储到 TreeSet 中,求出平均成绩、最高分和最低分。

4. 编写一个程序,实现将十进制整数转换为二进制、八进制和十六进制形式。

5. 编写一个程序,在其中调用操作系统的注册表编辑器"regedit. exe"。

6. 使用 java. text. SimpleDateFormat 类将系统日期格式化为"2018 年 8 月 20 日"的形式输出。

7. 编写程序实现:定义一个 Float 类型的数组,随机往其中填充元素,并打印该数组内容。

第 7 部分　　Java 输入输出系统

一、简答题

1. 什么是流? 简述流的分类。

2. 能否将一个对象写入一个随机访问文件?

3. BufferedReader 流能直接指向一个文件对象吗? 为什么?

4. 字节流和字符流之间有什么区别?

5. 简述可以用哪几种方法对文件进行读写。

6. 从字节流到字符流的转化过程中,有哪些注意事项?

二、选择题

1. 可以实现字符流的写操作类是(　　　　),可以实现字符流的读操作类是(　　　　)。

    A. FileReader　　　　　　　　　　　　B. Writer

    C. FileInputStream　　　　　　　　　D. FileOutputStream

2. 要从"file. dat"文件中读出第 10 个字节到变量 c 中,下列方法中适合的是(　　　　)。

    A. FileInputStream in＝new FileInputStream("file. dat")； int c＝in. read( )；

    B. RandomAccessFile in＝new RandomAccessFile("file. dat")； in. skip(9)； int c＝in.

readByte( );
C. FileInputStream in＝new FileInputStream("file. dat"); in. skip(9); int c＝in.
read( );
D. FileInputStream in＝new FileInputStream("file. dat"); in. skip(10); int c＝in.
read( );

3. 下列参数中构造 BufferedInputStream 的合适参数是(　　　)。

A. BufferedInputStream
B. BufferedOutputStream
C. FileInputStream
D. FileOuterStream
E. File

4. 在编写 Java Application 程序时,若需要使用到标准输入输出语句,必须在程序的开头写上(　　)语句。

A. import　java. awt. ＊;
B. import　java. applet. Applet;
C. import　java. io. ＊;
D. import　java. awt. Graphics;

5. 下列流中不属于字符流的是(　　)。

A. InputStreamReader
B. BufferedReader
C. FilterReader
D. FileInputStream

6. 字符流与字节流的区别在于(　　)。

A. 前者带有缓冲,后者没有
B. 前者是块读写,后者是字节读写
C. 二者没有区别,可以互换使用
D. 每次读写的字节数不同

三、判断题

1. 文件缓冲流的作用是提高文件的读/写效率。 (　　)
2. 通过 File 类可对文件属性进行修改。 (　　)
3. IOException 必须被捕获或抛出。 (　　)
4. Java 系统的标准输入对象是 System. in,标准输出对象有两个,分别是标准输出 System. out 和标准错误输出 System. err。 (　　)
5. 对象串行化机制是指将程序中对象的状态转化为一个字节流,存储在文件中。
(　　)
6. Serializable 接口是个空接口,它只是一个表示对象可以串行化的特殊标记。(　　)

四、编程题

1. 使用 File 类列出某一个目录下创建日期晚于 2018-8-10 的文件。
2. 使用 File 类创建一个多层目录 D:\java\ch10\src。
3. 读取一个 Java 源程序,输出并统计其中所用的关键字。
4. 编写应用程序,使用文件输出流向文件中分别写入如下类型的数据：int、double 和字符串。
5. 编写应用程序,列出指定目录下的所有文件和目录名,然后将该目录下的所有文件后缀名为. txt 的文件过滤出来显示在屏幕上。
6. 编写一个程序,读入命令行第一个参数指定的文本文件,将其所有字符转换为大写后写入第二个参数指定的文件中。

197

第13章

Java 习题解答

第 8 部分　GUI 图形用户界面

一、填空题

1. Swing 的事件处理机制包括_____、事件和事件监听者。

2. Java 事件处理包括建立事件源、_____和将事件源注册到监听器。

3. 在 Swing 中，可以根据不同用户的习惯，设置不同的界面显示风格，Swing 提供了 3 种显示风格，分别是_____风格、_____风格和_____风格。

4. Swing 的顶层容器有_____、JApplet、JWindow 和 JDialog。

5. _____由一个玻璃面板、一个内容面板和一个可选择的菜单条组成。

二、简答题

1. 试述 AWT 的事件处理机制。

2. 什么是 Swing？它比 AWT 有什么优点？使用上有何区别？

3. 布局管理器的作用是什么？在 JDK 中有哪些常用布局管理器？各有何特点？

4. 什么是容器组件？组件与容器有何区别？

5. 试述 Swing 常用组件的创建与使用。

三、选择题

1. Swing 组件必须添加到 Swing 顶层容器相关的(　　)。

    A. 分隔板上　　　　　B. 内容面板上　　　　C. 选项板上　　　　D. 复选框内

2. 　Panel 和 Applet 的默认布局管理器是(　　)。

    A. FlowLayout　　　B. CardLayout　　　C. BorderLayout　　D. GridLayout

3. 容器类 java.awt.container 的父类是(　　)。

    A. java.awt.Frame　　　　　　　　B. java.awt.Panel

    C. java.awt.Componet　　　　　　D. java.awt.Windows

4. 下列布局管理器中使用的是组件的最佳尺寸的是(　　)。

    A. FlowLayout　　　B. BorderLayout　　C. GridLayout　　　D. CardLayout

    E. GridBagLayout

5. 关于 AWT 和 Swing 说法正确的是(　　)。

    A. Swing 是 AWT 的子类

    B. AWT 在不同操作系统中显示相同的风格

    C. AWT 和 Swing 都支持事件模型

    D. Swing 在不同的操作系统中显示相同的风格

6. 关于使用 Swing 的基本规则，下列说法正确的是(　　)。

    A. Swing 组件可直接添加到顶级容器中

    B. 要尽量使用非 Swing 的重要级组件

    C. Swing 的 Jbutton 不能直接放到 Frame 上

    D. 以上说法都对

7. 在 Java 编程中，Swing 包中的组件处理事件时，下面(　　)是正确的。

    A. Swing 包中的组件也是采用事件的委托处理模型来处理事件的

B. Swing 包中的组件产生的事件类型,也都带有一个 J 字母,如 JMouseEvent

C. Swing 包中的组件也可以采用事件的传递处理机制

D. Swing 包中的组件所对应的事件适配器也是带有 J 字母的,如 JMouseAdapter

四、判断题

1. 容器是用来组织其他界面成分和元素的单元,它不能嵌套其他容器。 （　　）

2. 一个容器中可以混合使用多种布局策略。 （　　）

3. 在 Swing 用户界面的程序设计中,容器可以被添加到其他容器中。 （　　）

4. 使用 BorderLayout 布局管理器时,GUI 组件可以按任何顺序添加到面板上。

（　　）

5. 在使用 BorderLayout 时,最多可以放入 5 个组件。 （　　）

6. 每个事件类对应一个事件监听器接口,每一个监听器接口都有相对应的适配器。

（　　）

7. 在 Java 中,并非每个事件类都只对应一个事件。 （　　）

五、编程题

1. 编写一个 JApplet 程序,包含一个 JLabel 对象,并显示用户的姓名。

2. JButton 与 Button 有何不同? 编写一个图形界面的 Application 程序,包含一个带图标的 JButton 对象。当用户单击这个按钮时,Application 程序把其标题修改为"单击按钮"。

3. JPasswordField 是谁的子类? 它有什么特点? 编写 JApplet 程序接收并验证用户输入的账号和密码,共提供 3 次输入机会。

4. 编程包含一个单选按钮组和一个普通按钮,单选按钮组中包含 3 个单选按钮,文本说明分别为"普通"、"黑体"和"斜体"。选择文本标签为"普通"的单选按钮时,普通按钮中的文字为普通字体;选择文本标签为"黑体"的单选按钮时,普通按钮中文字的字体为黑体;选择文本标签为"斜体"的单选按钮时,普通按钮中文字的字体为斜体。

5. 编程包含一个下拉列表和一个按钮,下拉列表中有 10、14、18 三个选项。选择"10"时,按钮中文字的字号为"10";选择"14"时,按钮中文字的字号为"14";选择"18"时,按钮中文字的字号为"18"。

第 9 部分　　线　　　程

一、简答题

1. 线程与进程有什么关系?

2. 线程有几种状态? 引起线程中断的主要原因有哪些?

3. 一个线程执行完 run()方法后,进入了什么状态? 该线程还能再调用 start()方法吗?

4. 建立线程的方法有哪几种? Runnable 接口在线程创建中的作用是什么?

5. Runnable 接口中包括哪些抽象方法? Thread 类有哪些主要的成员变量和方法?

6. 线程在什么样的状态时,调用 isAlive()方法返回的值是 false?

7. 在多线程中引入同步机制的原因是什么?

8. 在什么方法中可以使用 wait( )、notify( )及 notifyAll( )方法？

9. 线程调用 interrupt( )的作用是什么？线程什么时候会发生死锁？

10. 线程联合有什么功能？线程分为哪两类？

二、选择题

1. 运行下列程序，会产生的结果是（　　）。

```
①  public class Exercises9_1 extends Thread implements Runable {
②      public void run( ) {
③          System.out.println("this is run( )");
④      }
⑤      public static void main(String args[ ]) {
⑥          Thread t = new Thread(new Exercises9_1( ));
⑦          t.start( );
⑧      }
⑨  }
```

    A. 第一行会产生编译错误　　　　　　　B. 第六行会产生编译错误

    C. 第六行会产生运行错误　　　　　　　D. 程序会运行和启动

2. 线程在生命周期中要经历 5 种状态，若线程当前是新建状态，则它可以到达的下一个状态是（　　）。

    A. 运行状态　　　　　B. 可运行状态　　　　C. 阻塞状态　　　　D. 终止状态

3. 下列关于 Java 多线程并发控制机制的叙述中，错误的是（　　）。

    A. Java 中没有提供检测与避免死锁的专门机制，但应用程序可以采用某些策略防止死锁的发生

    B. 共享数据的访问权限都必须定义为 private

    C. Java 中对共享数据操作的并发控制是采用加锁技术

    D. 线程之间的交互，提倡采用 suspend( )/resume( )方法

4. 下面关键字中可以对对象加互斥锁的是（　　）。

    A. transient　　　　B. serialize　　　　C. synchronized　　　D. static

5. 下面方法中可用于创建一个可运行的多线程类的是（　　）。

    A. public class T implements Runable { public void run( ){ …} }

    B. public class T extends Thread { public void run( ){ …} }

    C. public class T implements Thread { public void run( ){…} }

    D. public class T implements Thread { public int run( ){…. } }

    E. public class T implements Runable { protected void run( ){…} }

6. 下面方法中可以在任何时候被任何线程调用的是（　　）。

    A. sleep( )　　　　　　　　　　　　B. yield( )

    C. synchronized(this)　　　　　　　D. notify( )

    E. wait( )　　　　　　　　　　　　F. notifyAll( )

7. 下列情况中可以终止当前线程的运行的是（　　）。

    A. 当创建一个新线程时

B. 当该线程调用 sleep( )方法时

C. 抛出一个异常时

D. 当一个优先级高的线程进入就绪状态时

三、判断题

1. 一个 Java 多线程的程序无论在什么计算机上运行,其结果始终是一样的。　　(　　)

2. Java 线程有 5 种不同的状态,这 5 种状态中的任何两种状态之间都可以相互转换。

(　　)

3. 所谓线程同步就是若干个线程都需要使用同一个 synchronized 修饰的方法。

(　　)

4. 使用 Thread 子类创建线程的优点是可以在子类中增加新的成员变量,使线程具有某种属性,也可以在子类中新增加方法,使线程具有某种功能。但是,Java 不支持多继承,Thread 类的子类不能再扩展其他的类。　　(　　)

5. Java 虚拟机(JVM)中的线程调度器负责管理线程,调度器把线程的优先级分为 10 个级别,分别用 Thread 类中的类常量表示。每个 Java 线程的优先级都在常数 1 和 10 之间,即 Thread. MIN_PRIORITY 和 Thread. MAX_PRIORITY 之间。如果没有明确地设置线程的优先级别,每个线程的优先级都为常数 8。　　(　　)

6. 当线程类所定义的 run( )方法执行完毕,线程的运行就会终止。　　(　　)

7. 线程的启动是通过引用其 start()方法而实现的。　　(　　)

四、编程题

1. 采用实现 Runnable 接口的多线程技术,用 50 个线程,生成 10 000 个 1～1000 的随机整数。

2. 运用多线程技术在上下分隔的两个窗口中,分别从左到右与从右到左移动字符串。

第 10 部分 网 络 编 程

一、填空题

1. URL 类的类包是_____。

2. URL. getFile()方法的作用是_____。

3. URL. getPort()方法的作用是_____。

4. Sockets 技术是构建在_____协议之上的。

5. Datagrams 技术是构建在_____协议之上的。

6. ServerSocket. accept()返回_____对象,使服务器与客户端相连。

7. 为了实现组播通信,java. net 包中有相应的_____类。

8. RMI 的英文全称是_____。

9. 启动 RMIRegistry 服务器的命令是_____。

二、选择题

1. 若对 Web 页面进行操作,一般会用到的类是(　　)。

　　A. Socket　　　　　　　　　　　　　　　　B. DatagramSocket

　　C. URL　　　　　　　　　　　　　　　　　D. URLConnection

2. 在套接字编程中,客户方需用到 Java 类(　　　)来创建 TCP 连接。

  A. ServerSocket   B. DatagramSocket

  C. Socket   D. URL

3. 在套接字编程中,服务器方需用到 Java 类(　　　)来监听端口。

  A. Socket   B. URL

  C. ServerSocket   D. DatagramSocket

4. URL 类的 getHost 方法的作用是(　　　)。

  A. 返回主机的名称   B. 返回网络地址的端口

  C. 返回文件名   D. 返回路径名

5. URL 类的 getRef 方法的作用是(　　　)。

  A. 返回网页的特定地址   B. 返回主机的名称

  C. 返回路径名   D. 返回协议的名称

6. Socket 类的 getOutputStream 方法的作用是(　　　)。

  A. 返回文件路径   B. 返回文件写出器

  C. 返回文件大小   D. 返回文件读入器

7. Socket 类的 getInputStream 方法的作用是(　　　)。

  A. 返回文件路径   B. 返回文件写出器

  C. 返回文件大小   D. 返回文件读入器

8. DatagramSocket 类的 receive 方法的作用是(　　　)。

  A. 根据网络地址接收数据包 B. 根据网络地址与端口接收数据包

  C. 根据端口接收数据包   D. 根据网络地址与端口发送数据包

三、简答题

1. 名词解释:TCP、UDP、IP 地址、端口号、URL、套接字、RMI。

2. 简述并比较 URL 类的 4 种构造方法。

3. 客户/服务器模式有什么特点? Socket 类和 ServerSocket 类的区别是什么?

4. TCP 通信的特点是什么? 画图说明基于 Socket 通信的 C/S 模型与基本算法。

5. UDP 通信的特点是什么? 画图说明基于 Datagram 套接字通信的发送和接收流程。

6. 画图说明 RMI 的体系结构。

7. 简述基于 RMI 的分布式通信编程的基本步骤。

四、程序填空题

1. 下面是基于套接字的服务端程序接收客户程序请求后创建的连接,服务程序将收到的信息在屏幕上显示出来,并回送给客户程序,请在标号处完成程序编写。

```
package comsoft.nc.tcp.socket;
import java.io. * ;
import java.net. * ;
public class ServerSocketDemo {
  public static final int PORT = 28080;
  public static void main(String[] args) throws IOException {
    ServerSocket serversocket = ____(1)____;
```

```
        System.out.println("Started serversocket: " + serversocket);
        try {
          Socket socket = _____( 2 )_____;
          try {
            System.out.println("TCPConnection accepted from: " + socket);
BufferedReader in = new BufferedReader(new InputStreamReader(_____( 3 )_____));
            PrintWriter out = new PrintWriter(new BufferedWriter(new
                OutputStreamWriter(socket.getOutputStream())), true);
            while (true) {
              String str = in.readLine();
              if (str.equals("End Communications")) {
                break;
              }
              System.out.println("Receive from Client: " + str);
              out.println("Echoing from Server: " + str );
            }
          }
          finally {
            System.out.println("Communications Closing...");
            socket.close();
          }
        }
        finally {
            _____( 4 )_____;
        }
      }
    }
```

2. 下面是基于套接字的客户端程序,客户程序向服务程序发出连接请求,在连接创建后向服务程序发送信息并接收服务程序的信息在屏幕上显示出来,请在标号处完成程序编写。

```
import java.io.*;
import java.net.*;
public class ClientSocketDemo {
    public static void main(String[] args) throws IOException {
    InetAddress ipaddress = InetAddress.getByName(null);
    System.out.println("ipaddress = " + ipaddress);
    Socket socket = _____( 1 )_____(ipaddress, ServerSocketDemo.PORT);
    try {
      System.out.println("socket : " + socket);
      BufferedReader in = new BufferedReader(new InputStreamReader(_____( 2 )_____));
      PrintWriter out = new PrintWriter(new BufferedWriter(new
          OutputStreamWriter(socket.getOutputStream())), true);
      for (int i = 0; i < 10; i++) {
          _____( 3 )_____("Message " + i);
        String str = _____( 4 )_____();
        System.out.println(str);
      }
```

```
        out.println("End Communications");
    }
    finally {
        System.out.println("Communications closing...");
        socket.close();
    }
  }
}
```

五、编程题

1. 编写一个包含 TextField 和 Label 的 Java Application 程序，其中 TextField 用于接收用户输入的主机名，Label 用于将这个主机的 IP 地址显示出来。

2. 编写 Java Applet 程序，接收用户输入的网页地址，并与程序中事先保存的地址相比较，若两者相同则使浏览器指向该网页。

3. 编写 Java Applet 程序，访问并显示或播放在指定 URL 地址处的图像和声音资源。

4. 用 Socket 编程，从服务器读取几个字符，再写入本地机器且进行显示。

5. 使用 IP 组播协议实现在组播组中发送与接收数据。

6. 使用 RMI 设计一个分布式计算程序，由服务程序对客户程序提供的一组数据进行排序，然后由客户程序从屏幕输出。

第 11 部分　Java 数据库操作

一、填空题

1. JDBC 的基本层次结构由 _____、_____、_____、_____和数据库 5 部分组成。

2. 根据访问数据库的技术不同，JDBC 驱动程序相应地分为 _____、_____、_____和_____ 4 种类型。

3. JDBC API 所包含的接口和类非常多，都定义在_____包和_____包中。

4. 使用_____方法加载和注册驱动程序后，由_____类负责管理并跟踪 JDBC 驱动程序，在数据库和相应驱动程序之间建立连接。

5. _____接口负责建立与指定数据库的连接。

6. _____接口的对象可以代表一个预编译的 SQL 语句，它是_____接口的子接口。

7. _____接口表示从数据库中返回的结果集。

二、简答题

1. 名词解释：数据库、关系型数据库、字段、记录、SQL、DDL、DML、DCL、JDBC、BLOB。

2. 简述数据定义语言、数据操纵语言和数据查询语言的功能。

3. 简述四类 JDBC 驱动程序的特点。

4. 画图表示 JDBC 中的各种接口与类之间的关系。

5. 简述使用 JDBC 连接 ODBC 数据源、Microsoft SQL Server、Oracle、MySQL 和 IBM DB2 等数据库所对应的 JDBC 驱动程序名和数据库连接的 URL 值。

6. 简述使用 JDBC 访问数据库的基本算法。

7. 简述 Statement 接口和 PreparedStatement 接口的主要区别。

8. 简述 JDBC 4.0 的新增特性。

三、程序填空题

下面的程序采用 JDBC 方式,在 MS SQL Server 数据库管理系统的 DBStudent 数据库中,对学生表 tblstudent 的学号为"20183561001"和"20183561003"的学生的成绩进行修改,并将修改后的结果在屏幕输出,请完成程序编写。

```java
package comsoft.db.jdbc.mssqlserver;
import java.sql.*;
public class UpdateRecord {
    public static void main(String[ ] args) {
    String JDBCDriver = "com.microsoft.jdbc.sqlserver.SQLServerDriver";
    // 声明 JDBC 驱动程序类型
    String conURL = "jdbc:microsoft:sqlserver://127.0.0.1:1433;" +
        "DatabaseName = DBStudent;User = sa;Password = ok"; // 定义 JDBC 的 URL 对象
    String[ ] sno = { "20183561001", "20183561003"};
    int[ ] score = { 100, 99};
    try {
            (1)    ;
    }
    catch (ClassNotFoundException e) {
      System.out.println("Class.forname:" + e.getMessage( ));
    }
    try {
      Connection con =     (2)    (conURL);
      // 修改数据库中数据表的内容
      PreparedStatement psmt =     (3)    (
          "UPDATE tblstudent set score = ? where sno = ?");
      int i = 0, idlen = sno.length;
      do {
          psmt.setInt(1, score[i]);
          psmt.setString(2, sno[i]);
          if (    (4)    == 1) {
              System.out.println("修改数据表:tblstudent 中学号为 " + sno[i] + " 的记录成功!");
          }
          else {
              System.out.println("错误 = 数据表:tblstudent 中没有学号为 " + sno[i] + " 的记录!");
          }
          ++i;
      }
      while (i < sno.length);
      psmt.close( );
      // 查询数据库并把数据表的内容输出到屏幕上
      Statement smt = con.createStatement( );
```

```
            ResultSet rset = smt.executeQuery("select * from tblstudent");
            while (rset.next( )) {
              System.out.println(rset.getString("sno") + "\t" + rset.getString("sname") +
                            "\t" + rset.getString("sex") + "\t" + rset.getInt("score"));
            }
            smt.close( );
            con.close( );
          }
        catch (SQLException e) {
            System.out.println("SQLException:" + e.getMessage());
          }
        }
      }
```

四、编程题

1. 设有客户数据表 Customer（CNO，name，sex，principalship，company，telephone，address，background），其中每个字段的类型和含义如下。

字 段 名	类 型	字 段 说 明
CNO	Varchar(20)	编号（primary key）
Name	Varchar(20)	姓名
Sex	Varchar(4)	性别
Principalship	Varchar(10)	职务
Company	Varchar(40)	公司/单位
Telephone	Varchar(20)	公司电话
Address	Varchar(40)	公司地址
Background	Varchar(80)	公司背景

（1）使用 JDBC 在 Access 或 SQL Server 或 Oracle 或 MySQL 中创建数据库 CRMDB。

（2）使用 JDBC 在数据库 CRMDB 中建立上述数据表 Customer。

（3）使用 JDBC 将下面的数据添加到 Customer 表中。

CNO	Name	Sex	Principalship	Company	Telephone	Address	Background
2017001	张成	男	总经理	信彦科技	8332268	上海	上市公司
2017002	吴华	男	经理	九洲科技	6182755	北京	上市公司
2018001	刘彩	女	董事长	红光集团	8372168	长沙	上市公司
2018002	钱方	女	董事长	松下电梯	8221089	深圳	上市公司

（4）从 Customer 表中查找"红光集团"公司的基本信息。

（5）将"张成"的电话号码改为"021-8332259"。

（6）从 Customer 表中查找全部"男"客户的信息。

（7）删除"2017002"号记录。

2. 在 Microsoft SQL Server 中依次创建数据库 DBPhoto 和数据表 tblPhoto(id varchar(50) primary key not null,name varchar(100),description varchar(200),photo image not null)，然后将你的一组照片存储到 tblPhoto 表中,并能方便地存取与浏览照片。

3. 创建一个以 JDBC-ODBC 和纯 Java 的第三方 JDBC 驱动程序方式连接 MS SQL Server 2016、Oracle、MySQL 和 IBM DB2 等各种不同类型数据库的连接工具类。

参 考 答 案

第 1 部分 Java 简介参考答案

二、选择题

1. D   2. B   3. A   4. C   5. C   6. A   7. B
8. A   9. C   10. D   11. C

三、判断题

1. √   2. √   3. √   4. √   5. ×   6. √   7. √
8. √   9. ×   10. √   11. ×

第 2 部分 Java 基础参考答案

一、填空题

1. 3

2. false

3. true

4. 13

5. x＝10,a＝3,b＝4,c＝5

6. 从低类型向高类型转换

7. 对象

8. 10,11,11

9. false、1

二、选择题

1. AB   2. D   3. A   4. B   5. B   6. B   7. B
8. C   9. ABC   10. BC   11. D   12. ACE   13. C   14. AC
15. B   16. C   17. AB   18. AC

三、判断题

1. ×   2. √   3. ×   4. √   5. ×   6. √   7. ×
8. ×   9. ×   10. ×   11. ×   12. ×   13. √   14. √

四、分析题

1. 运行结果是 Hi！Luke

2. 运行结果如下。

```
The String str1 is
The String str2 is String 2
The String str3 is a string
The String str4 is string
The String str5 is 0123456789
The String strb is a string
```

第3部分　程序流程控制与数组参考答案

一、选择题

1. B 2. C 3. C 4. CD

二、分析题

运行结果是：

3　5　7　11　13

17　19　23　29

三、改错题

1. 改正后程序如下：

```
public int[] m1(int number[]) {
    // number = new int[20];
    for (int i = 1; i < number.length − 1; i++)
        number[i] = number[i − 1] + number[i + 1];
    return number;
}
```

2. ①改正后程序如下：

```
int x = 1, i = 0;
while (x <= 10)
{
    i++;
}
```

② 改正后程序如下：

```
    int n = 1;
    switch (n) {
        case 1:
            System.out.println("The name is 1");
            break;
        case 2:
            System.out.println("The name is 2");
            break;
    }
```

第 4 部分　类和对象参考答案

一、填空题

1. 属性、行为、实例

2. 接口

3. 抽象性、可理解性、精确性、确定性

4. 类名、默认构造

5. 局部变量、public、初始化

6. 单向值传递、双向引用传递

7. 引用

8. new

9. 对象引用复制、浅复制、深复制

10. 类、实例、实例、类、类

11. 类、实例、实例

12. package

13. java. lang

14. jar

三、选择题

1. D　　2. B　　3. A　　4. BC　　5. A

四、判断题

1. √　　2. ×　　3. ×　　4. √　　5. √　　6. √　　7. ×

8. √　　9. √

五、分析题

运行结果如下：

```
obj1.fn = 31
obj1.fk = 40
obj2.fn = 32
obj2.fk = 40
```

六、改错题

1. 改正后程序如下：

```java
public class MyMainClass {
    public static void main(String args[]) {
        TheOtherClass obj = new TheOtherClass("John Smith", "Male", "UK");
        System.out.println(obj.name + ' ' + obj.gender + ' ' + obj.nationality);
        System.out.println("The end of the program! ");
    }
}
```

```
class TheOtherClass {
     public String name, gender, nationality;
     public TheOtherClass(String name, String gender, String nationality) {
          this.name = name;
          this.gender = gender;
          this.nationality = nationality;
     }
}
```

2. 改正后程序如下：

```
public abstract class Car {                    //改后增加 abstract
     private String carName;
     public int mileage;
     private static final int TOP_SPEED = 50;
     abstract void alert();
     public static int getTopSpeed() {
             return TOP_SPEED;
     }
     public void setCarName() {                //去掉 static
             carName = "Bensi";
     }
     public void setMileage() {                //去掉 static
             mileage = 180;
     }
}
```

第 5 部分　类和对象的扩展参考答案

一、填空题

1. 公有消息、私有消息

2. public、默认 default、public、default

3. public、protected、private

4. 同一类、子类与非子类、子类与非子类

5. 同一类、子类与非子类、子类

6. 同一类、子类与非子类

7. 类

8. this( )、super( )

9. public、protected、默认、private

10. public、protected、默认、private

11. 子类对象、父类对象、父类对象、子类对象

12. 方法重载、方法覆盖、变量覆盖

13. 更严格

14. extends、Object 类

15. 参数个数、参数类型

16. 完全相同、public

17. 常量数据成员、抽象、构造

18. 当前对象自身

19. abstrac

20. 接口、传递

21. 最终类、最终方法、最终变量

22. 多个

23. public static final、public abstract

24. 成员类、局部类

25. new 外部类名.内部类构造方法( );

26. 语句匿名类、参数匿名

27. 创建型、结构型、行为型

三、选择题

1. C　　2. B　　3. B　　4. C　　5. AB　　6. C　　7. C

8. AB　　9. D　　10. C　　11. B　　12. A　　13. C　　14. ACD　　15. C

四、判断题

1. √　　2. ×　　3. √　　4. √　　5. √　　6. √　　7. √

8. √　　9. ×

五、分析题

1. 运行结果是如下：

```
What a pleasure!
I am Tom
How do you do?
```

2. 运行结果是 6 1 12 12

3. 运行结果是 30

4. 运行结果是 Aclass

　　　　　　　Bclass

六、改错题

1. 错误：因为含有抽象方法的类必须是抽象类；静态方法只能访问静态成员。

改正后的程序如下：

```
public abstract class Car {                   //改后增加了 abstract
     private String carName;
     public int mileage;
     private static final int TOP_SPEED = 200;
     abstract void alert( );
```

```
        public static int getTopSpeed( ) {
            return TOP_SPEED;
        }
        public void setCarName( ) {              //改后删掉 static
            carName = "奥迪";
        }
        public void setMileage( ) {              //改后删掉 static
            mileage = 180;
        }
}
```

2. 因为在 A 类的 main 方法中,还没有 A 的实例就要试图生成内部类的实例。
改正后的程序如下:

```
public class A {                          //改后增加 public
    private int x;
    public static void main(String args[ ]) {
        A a = new A( );                   //增加语句
        a.new B( );                       //改为 a. new B( );
    }
    class B {
        B( ) {
            System.out.println(x);
        }
    }
}
```

第6部分　Java 常用系统类参考答案

一、简答题
1. 结果: 2.0; 64.0; 3
2. 2
3. Collection、List、Map、Set
二、选择题
1. CD　　2. ABC　　3. ABCD　4. AB　　5. B　　　6. ACD
三、判断题
1. ×　　2. ×　　3. √　　4. √　　5. √　　6. √　　7. √
8. ×　　9. ×

第7部分　Java 输入输出系统参考答案

二、选择题
1. AB　　2. C　　　3. AC　　4. C　　　5. D　　　6. D

三、判断题

1. √   2. √   3. √   4. √   5. √   6. √

第8部分   GUI 图形用户界面参考答案

一、填空题

1. 事件源

2. 建立事件监听器

3. Metal、Motif、Windows

4. JFrame

5. 根面板

三、选择题

1. B   2. A   3. C   4. AE   5. CD   6. D   7. A

四、判断题

1. ×   2. ×   3. √   4. √   5. √   6. ×   7. √

第9部分   线程参考答案

二、选择题

1. A   2. B   3. D   4. C   5. AB   6. ABC   7. BCD

三、判断题

1. ×   2. ×   3. √   4. √   5. ×   6. √   7. √

第10部分   网络编程参考答案

一、填空题

1. java. net. URL

2. 获得 URL 实例的文件名

3. 获得 URL 实例的端口号

4. TCP

5. UDP

6. Socket

7. MulticastSocket

8. Remote Method Invocation(远程方法调用)

9. Start RMIRegistry

二、选择题

1. CD   2. C   3. C   4. A   5. A   6. B   7. D   8. B

四、程序填空题

1. (1) new ServerSocket(PORT)

```
(2) serversocket.accept()
(3) socket.getInputStream()
(4) serversocket.close()
```
2.
```
(1) new Socket
(2) socket.getInputStream()
(3) out.println
(4) in.readLine()
```

第 11 部分　Java 数据库操作参考答案

一、填空题

1. Java 程序、JDBC API、JDBC 驱动程序管理器、驱动程序

2. JDBC-ODBC Bridge、JDBC-Native API Bridge、JDBC-Middleware、Pure JDBC Driver

3. java.sql、javax.sql

4. Class.forName()、DriverManager

5. java.spl.Connection

6. PreparedStatement、Statement

7. ResultSet

三、程序填空题

```
(1) Class.forName(JDBCDriver)
(2) DriverManager.getConnection
(3) con.prepareStatement
(4) psmt.executeUpdate()
```

第 14 章 | **Java 综合习题**

综合习题 1

一、选择题

1. Java 语言中,负责并发管理的机制是( )。

    A. 垃圾回收   B. 虚拟机   C. 代码安全   D. 多线程

2. 下列描述中,错误的是( )。

    A. Java 要求编程者管理内存

    B. Java 的安全性体现在多个层次上

    C. Applet 要求在支持 Java 的浏览器上运行

    D. Java 有多线程机制

3. Java 为移动设备提供的平台是( )。

    A. J2ME   B. J2SE   C. J2EE   D. JDK5.0

4. JDK 中提供的文档生成器是( )。

    A. java. exe   B. javap. exe   C. javadoc. exe   D. javaprof. exe

5. 在 Java 语言中,不允许使用指针体现出的 Java 特性是( )。

    A. 可移植   B. 解释执行   C. 健壮性   D. 安全性

6. 下列不属于 Swing 中构件的是( )。

    A. JPanel   B. JTable   C. Menu   D. JFrame

7. 下列方法中,不属于 WindowListener 接口的是( )。

    A. windowOpened()   B. windowClosed()

    C. windowActivated()   D. mouseDragged()

8. 下列语句中,属于多分支语句的是( )。

    A. if 语句   B. switch 语句   C. do while 语句   D. for 语句

9. 阅读下列代码:

```
public class Test{
  public static void main(String args[]){
    String s = " Test";
    switch(s){
      case " Java":System.out.print(" Java");   break;
```

```
        case " Language":System.out.print(" Language"); break;
        case " Test":System.out.print(" Test");  break;
    }
  }
}
```

其运行结果是(   )。

    A. Java   B. Language   C. Test   D. 编译出错

10. 阅读下列代码:

```
public class Test{
    public static void main(String args[]){
        System.out.println(~(0xa5) &0xaa);
    }
}
```

其运行结果是(   )。

    A. 0xa5   B. 10   C. 0x50   D. 0xaa

11. 阅读下列代码:

```
public class Test{
    public static void main(String args[]){
        System.out.println((3 > 2)?4: 5);
    }
}
```

其运行结果是(   )。

    A. 2   B. 3   C. 4   D. 5

12. 阅读下列代码:

```
public class Test{
    public static void main(String args[]){
        System.out.println(89 >> 1);
    }
}
```

其运行结果是(   )。

    A. 44   B. 45   C. 88   D. 90

13. 在 Applet 中显示文字、图形等信息时,应使用的方法是(   )。

    A. paint()   B. init()   C. start()   D. destroy()

14. 线程生命周期中正确的状态是(   )。

    A. 新建状态、运行状态和终止状态

    B. 新建状态、运行状态、阻塞状态和终止状态

    C. 新建状态、可运行状态、运行状态、阻塞状态和终止状态

    D. 新建状态、可运行状态、运行状态、恢复状态和终止状态

15. Thread 类中能运行线程体的方法是( )。

    A. start( )   B. resume( )   C. init( )   D. run( )

16. 下列关于 Applet 的说法中,错误的是( )。

    A. Applet 自身不能运行,必须嵌入到其他应用程序(如浏览器)中运行

    B. 可以在安全策略的控制下读写本地磁盘文件

    C. Java 中不支持向 Applet 传递参数

    D. Applet 的主类要定义为 java. applet. Applet 类的子类

17. 下列选项中,不是 APPLET 标记的是( )。

    A. PARAM   B. BODY   C. CODEBASE   D. ALT

18. 在 Java 中,与数据库连接的技术是( )。

    A. ODBC   B. JDBC

    C. 数据库厂家驱动程序   D. 数据库厂家的连接协议

19. 下列说法中,错误的是( )。

    A. Java 编程时,要求应尽量多用公共变量

    B. Java 编程时,要求应尽量少用公共变量

    C. Java 编程时,要求应尽量不用公共变量

    D. Java 编程时,要求应尽量使用私有变量

20. 若特快订单是一种订单,则特快订单类和订单类的关系是( )。

    A. 使用关系   B. 包含关系   C. 继承关系   D. 无关系

21. 若数组 a 定义为 int[ ][ ]a＝new int[3][4],则 a 是( )。

    A. 一维数组   B. 二维数组   C. 三维数组   D. 四维数组

22. Java 语言使用的字符码集是( )。

    A. ASCII   B. BCD   C. DCB   D. Unicode

23. 在程序读入字符文件时,能够以该文件作为直接参数的类是( )。

    A. FileReader   B. BufferedReader

    C. FileInputStream   D. ObjectInputStream

24. java. io 包的 File 类是( )。

    A. 字符流类   B. 字节流类   C. 对象流类   D. 非流类

25. 下列描述中,正确的是( )。

    A. 在 Serializable 接口中定义了抽象方法

    B. 在 Serializable 接口中定义了常量

    C. 在 Serializable 接口中没有定义抽象方法,也没有定义常量

    D. 在 Serializable 接口中定义了成员方法

二、填空题

1. _____是 Java 程序中基本的结构单位。

2. Java 语言中,移位运算符包括>>、<<和_____。

3. 构件不能独立地显示出来,必须将构件放在一定的_____中才能显示。

4. 能将显示空间分成很多层的布局管理器是_____。

5. Applet 是能够嵌入到_____格式的文件中,并能够在浏览器中运行的 Java。

6. 使用 Swing 编写 Applet,则该 Applet 的主类应该定义为_____类的子类。

7. 在 Java 中,线程的模型就是一个 CPU、程序代码和_____的封装体。

8. 键盘键入字符串并在计算机屏幕上显示,这时的数据源是_____。

9. 任何一个 Java 程序都默认引入了一个包,这个包的名称为 java._____。

10. Java 语言中,有一个类是所有类或接口的父类,这个类的名称是_____。

综合习题 2

一、选择题

1. 下列选项中,( )是合法的标识符。

    A. 123   B. _name   C. class   D. 1first

2. 下列选项中,( )是 Java 调试器,如果编译器返回程序代码的错误,可以用它对程序进行调试。

    A. java.exe   B. javadoc.exe   C. jdb.exe   D. javaprof.exe

3. 下列选项中,( )可以正确表示八进制值 8。

    A. 0x8   B. 0x10   C. 08   D. 010

4. 下列赋值语句中,( )是不正确的。

    A. float f=11.1;   B. double d=5.3E12;

    C. float d=3.14f ;   D. double f=11.1E10f;

5. 下列赋值语句中,( )是正确的。

    A. char a=12f;   B. int a=12.0;

    C. int a=12.0f;   D. int a=(int)12.0;

6. 下列代码中,( )行在编译时可能会有错误。

```
① public void modify(){
②    int i, j, k;
③    i = 100;
④    while ( i > 0 ){
⑤      j = i * 2;
⑥      System.out.println ("The value of j is " + j);
⑦      k = k + 1;
⑧    }
⑨ }
```

    A. ④   B. ⑥   C. ⑦   D. ⑧

7. 下列关于继承的叙述正确的是( )。

    A. 在 Java 中允许一个类继承多个类

    B. 在 Java 中一个类只能实现一个接口

    C. 在 Java 中一个类不能同时继承一个类和实现一个接口

    D. Java 的单一继承使代码更可靠

8. 下列修饰符中,( )可以使在一个类中定义的成员变量只能被同一包中的类访问。

A. private   B. 无修饰符   C. public   D. protected

9. 给出下列代码,(   )使成员变量 m 被方法 fun()直接访问。

```
class Test{
  private int m;
  public static void fun(){
    ...
  }
}
```

A. 将 private int m 改为 protected int m

B. 将 private int m 改为 public int m

C. 将 private int m 改为 static int m

D. 将 private int m 改为 int m

10. 已知有下列类的说明,则下列(   )语句是正确的。

```
public class Test {
  private float f = 1.0f;
  int m = 12;
  static int n = 1;
  public static void main(String  args[]){
    Test t = new Test();
  }
}
```

A. t. f;   B. this. n;   C. Test. m;   D. Test. f;

11. 给出下列代码,则数组初始化中(   )项是不正确的。

```
byte[ ]array1,array2[ ];
byte array3[ ][ ];
byte [ ][ ]array4;
```

A. array2 = array1   B. array2=array3

C. array2=array4   D. array3=array4

12. 下列代码的运行结果是(   )。

```
public class Test {
  public int aMethod() {
    static int i = 0;
    i++;
    System. out. println(i);
  }
  public static void main(String  args[]) {
    Test test = new Test();
    test. aMethod();
  }
}
```

A. 编译错误　　　　　　　　　　B. 0

C. 1　　　　　　　　　　　　　D. 运行成功,但不输出

13. 下列关于内部类的说法不正确的是(　　　)。

    A. 内部类的类名只能在定义它的类或程序段中或在表达式内部匿名使用

    B. 内部类可以使用它所在类的静态成员变量和实例成员变量

    C. 内部类不可以用 abstract 修饰符定义为抽象类

    D. 内部类可作为其他类的成员,而且可访问它所在类的成员

14. 顺序执行下列程序语句后,则 b 的值是(　　　)。

```
String a = "Hello";
String b = a. substring(0,2);
```

    A. Hello　　　　　B. hello　　　　　C. Hel　　　　　D. null

15. 在 oneMethod()方法运行正常的情况下,程序段将输出(　　　)。

```
public void test() {
  try { oneMethod();
      System. out. println("condition 1");
  } catch (ArrayIndexOutOfBoundsException e) {
      System. out. println("condition 2");
  } catch(Exception e){
      System. out. println("condition 3");
  } finally {
      System. out. println("finally");
  }
}
```

    A. condition 1　　　　　　　　B. condition 2

    C. condition 3　　　　　　　　D. condition 1

    　　　　　　　　　　　　　　　　finally

16. 下列常见的系统定义的异常中,(　　　)是输入、输出异常。

    A. ClassNotFoundException　　　B. IOException

    C. FileNotFoundException　　　　D. UnknownHostException

17. 下列选项中,(　　　)不是 nio 包的新特点。

    A. 内存映射技术　　B. 文件锁定　　　C. 字符及编码　　D. 阻塞 I/O

18. 下列选项中,(　　　)是正确计算 42°(角度)的余弦值。

    A. double d＝Math. cos(42);

    B. double d＝Math. cosine(42);

    C. double d＝Math. cos(Math. toRadians(42));

    D. double d＝Math. cos(Math. toDegrees(42));

19. 下列 InputStream 类中,(　　　)方法可以用于关闭流。

    A. skip()　　　　B. close()　　　　C. mark()　　　　D. reset()

20. 下列方法中,(　　　)是执行线程的方法。

A. run()   B. start()   C. sleep()   D. suspend()

21. 下列关于 Frame 类的说法不正确的是（   ）。

    A. Frame 是 Window 类的直接子类

    B. Frame 对象显示的效果是一个窗口

    C. Frame 被默认初始化为可见

    D. Frame 的默认布局管理器为 BorderLayout

22. 下列 Java 常见事件类中，（   ）是鼠标事件类。

    A. InputEvent   B. KeyEvent   C. MouseEvent   D. WindowEvent

23. 在 Applet 的关键方法中，（   ）方法是关闭浏览器以释放 Applet 占用的所有资源。

    A. init()   B. start()   C. paint()   D. destroy()

24. 下列选项中，（   ）是面向大型企业级容器管理专用构件的应用平台。

    A. J2EE   B. J2ME   C. J2SE   D. J2DE

25. 下列选项中，（   ）的 java 源文件代码片段是不正确的。

    A. package testpackage;
        public class Test{ }

    B. import java.io. * ;
        package testpackage;
        public class Test{ }

    C. import java.io. * ;
        class Person{ }
        public class Test{ }

    D. import java.io. * ;
        import java.awt. * ;
        public class Test{ }

二、填空题

1. Java 语言对_____文件进行解释执行。

2. 在一个类的内部嵌套定义的类称为_____。

3. 设有数组定义"int a[ ]={ 11，22，33，44，55，66，77，88，99 };"，则执行下列几个语句后的输出结果是_____。

```
for ( int i = 0 ; i < a.length ; i ++)
if( a[i] % 3 == 0 )System.out.println(a[i] + " ");
```

4. 下面程序的运行结果是_____。

```
import java.io. * ;
public class ABC
{
public static void main(String args[ ])
{ int i ;
int a [ ] = { 11,22,33,44,55,66,77,88,99 };
for ( i = 0 ; i <= a.length / 2 ; i ++)
```

```
            System.out.print( a[i] + a[a.length - i - 1] + " ");
            System.out.println( );
        }
}
```

5. URL 是_____的缩写。

6. _____日历类提供日期和时间的表示,它以格里历(即阳历)来计算。

7. 若 x=5,y = 10,则 x > y && x++==y -- 的逻辑值为_____。

8. 设 a=8,则表达式 a >>> 2 的值是_____。

9. Java 中访问限定符有_____、protected、private 和 default 等。

10. 凡生成 StringBuffer 一个对象后,还可用_____方法或 ensureCapacity()方法来设定缓存大小。

综合习题 3

一、选择题

1. Java 虚拟机(JVM)运行 Java 代码时,不会进行的操作是( )。
   A. 加载代码　　　　B. 校验代码　　　　C. 编译代码　　　　D. 执行代码

2. Java 程序的并发机制是( )。
   A. 多线程　　　　　B. 多接口　　　　　C. 多平台　　　　　D. 多态性

3. 在方法内部使用,代表对当前对象自身引用的关键字是( )。
   A. super　　　　　B. This　　　　　　C. Super　　　　　D. this

4. 阅读下列程序:

```
public class VariableUse{
    public static void main (String[ ] args) {
        int a;
        if (a == 8) {
            int b = 9;
            System.out.println("a = " + a);
            System.out.println("b = " + b);
        }
        System.out.println("a = " + a);
        System.out.println("b = " + b);
    }
}
```

该程序在编译时的结果是( )。
   A. 变量 a 未赋值
   B. 第二个 System.out.println("b="+b)语句中,变量 b 作用域有错
   C. 第二个 System.out.println("a="+a)语句中,变量 a 作用域有错
   D. 第一个 System.out.println("b="+b)语句中,变量 b 作用域有错

5. 下列选项中,不属于 Swing 的构件的是( )。

A. JButton   B. JLabel   C. JFrame   D. JPane

6. 对鼠标单击按钮操作进行事件处理的接口是(　　)。

A. MouseListener   B. WindowsListener

C. ActionListener   D. KeyListener

7. AWT 中用来表示颜色的类是(　　)。

A. Font   B. Color   C. Panel   D. Dialog

8. 下列运算符中,优先级最高的是(　　)。

A. ++   B. +   C. *   D. >

9. 下列运算中,属于跳转语句的是(　　)。

A. try   B. catch   C. finally   D. break

10. 阅读下列利用递归来求 n! 的程序:

```
class FactorialTest{
    static long Factorial (int n) { //定义 Factorial ()方法
        if (n==1)
            return 1;
        else
            return n * Factorial(_____);
    }
    public static void main (String a[]) { // main ()方法
        int  n=8;
        System. out. println{n + "!= " + Factorial (n)};
    }
}
```

为保证程序正确运行,在下画线处应该填入的参数是(　　)。

A. n-1   B. n-2   C. n   D. n+1

11. 阅读下列代码:

```
public class Person{
    static int arr[ ] = new int (10);
    public static void main (String args ) {
        System. out. println(arr[9]);
    }
}
```

该代码的运行结果是(　　)。

A. 编译时将产生错误

B. 编译时正确,运行时将产生错误

C. 输出 0

D. 输出空

12. 在 Java 中,若要使用一个包中的类时,首先要求对该包进行导入,其关键字是(　　)。

A. import   B. package   C. include   D. packet

13. 继承是面向对象编程的一个重要特征,它可降低程序的复杂性并使代码(　　)。

A. 可读性好　　　　B. 可重用　　　　C. 可跨包访问　　　D. 运行更安全

14. 阅读下列代码段：

```
class InterestTest _____ ActionListener{
    public void actionPerformed (ActionEvent event) {
        double interest = balance * rate/100;
        balance += interest;
        NumberFormat format ter = NumberFormat.getCurrencyInstance ();
        System.out.println("balance = " +
        formatter.format (balance)};
    }
    private double rate;
}
```

在下画线处,应填的正确选项是(　　　)。

A. Implementation　B. Inneritance　　C. implements　　D. extends

15. 下列方法中,不属于类 String 的方法是(　　　)。

A. tolowerCase ()　B. valueof ()　　C. charAt ()　　D. append ()

16. grid [9][5]描述的是(　　　)。

A. 二维数组　　　B. 一维数组　　　C. 五维数组　　　D. 九维数组

17. Java 类库中,将信息写入内存的类是(　　　)。

A. java.io.FileOutputStream　　　　B. java.io.ByteArrayOutputStream

C. java.io.BufferedOutputStream　　D. java.io.DataOutputStream

18. 阅读下列 Java 语句：

```
ObjectOutputStream out = New ObjectOutputStream {new _____("employee.dat")};
```

在下画线处应填的正确选项是(　　　)。

A. File　　　　　　　　　　　　B. FileWriter

C. FileOutputStream　　　　　　D. OutputStream

19. 使新创建的线程参与运行调度的方法是(　　　)。

A. run ()　　　　B. start ()　　　C. nit ()　　　D. resume ()

20. Java 中的线程模型由三部分组成,与线程模型组成无关的是(　　　)。

A. 虚拟的 CPU　　　　　　　　B. 程序代码

C. 操作系统的内核状态　　　　D. 数据

21. 向 Applet 传递参数正确的描述是(　　　)。

A. < param name＝age, value＝20 >

B. < applet code＝Try.class width＝100, height＝100, age＝33 >

C. < name＝age, value＝20 >

D. < applet code＝Try.class name＝age,value＝20 >

22. Applet 的默认布局管理器是(　　　)。

A. BorderLayout　　B. FlowLayout　　C. GridLayout　　D. PanelLayout

23. 阅读下列代码段：

```
class Test   implements   Runnable {
  public int run( ) {
    int i = 0;
    while (true) {
      i++;
      System.out.println ("i = " + i);
    }
  }
}
```

上述代码的编译结果是(   )。

    A. 程序通过编译并且 run ()方法可以正常输出递增的 i 值

    B. 程序通过编译,调用 run ()方法将不显示任何输出

    C. 程序不能通过编译,因为 while 的循环控制条件不能为"true"

    D. 程序不能通过编译,因为 run ()方法的返回值类型不是 void

24. 如果线程调用下列方法,不能保证使该线程停止运行的是(   )。

    A. sleep ()   B. stop ()   C. yield ()   D. wait ()

25. AWT 中用来表示对话框的类是(   )。

    A. Font   B. Color   C. Panel   D. Dialog

二、填空题

1. Java 语言中,使用关键字_____对当前对象的父类对象进行引用。

2. 能打印出一个双引号的语句是 System.out.println{"_____"} ;

3. Swing 中用来表示表格的类是 javax.swing._____。

4. 大多数 Swing 构件的父类是 javax.swing._____,该类是一个抽象类。

5. "流"(stream)可以看作一个流动的_____缓冲区。

6. Java 接口内的方法都是公共的、_____的,实现接口就要实现接口内的所有方法。

7. Java 语言的_____可以使用它所在类的静态成员变量和实例成员变量,也可以使用它所在方法中的局部变量。

8. 下列程序构造了一个 SwingApplet 类,请在下画线处填入正确的代码。

```
import javax.swing. * ;
import java.awt. * ;
public class SwingApplet extends _____{
    Jlabel l = new Jlabel ("This is a Swing Applet.");
    public void init(){
      Container contentPane = getContentPane();
      contentPane.add(1);
    }
}
```

9. 实现线程交互的 wait()和 notify()方法在_____类中定义。

10. 请在下画线处填入代码,使程序正常运行并且输出"Hello!"。

```
class Test _____ {
    public static void main (String[] arge){
        Test   t = new Test();
        t.start();
    }
    public void run(){
        System.out.println("Hello!");
    }
}
```

综合习题 4

一、选择题

1. 用于设置组件大小的方法是(   )。
   A. paint( )   B. setSize( )   C. getSize( )   D. repaint( )
2. 单击窗口内的按钮时,产生的事件是(   )。
   A. MouseEvent   B. WindowEvent   C. ActionEvent   D. KeyEvent
3. AWT 中用来表示对话框的类是(   )。
   A. Font   B. Color   C. Panel   D. Dialog
4. 下列运算符中优先级最高的是(   )。
   A. +=   B. ==   C. &&   D. ++
5. 下列运算结果为 1 的是(   )。
   A. 8 >> 1   B. 4 >>> 2   C. 8 << 1   D. 4 <<< 2
6. 下列语句中,可以作为无限循环语句的是(   )。
   A. for(;;) {}   B. for(int i=0; i < 10000;i++) {}
   C. while(false) {}   D. do {} while(false)
7. 下列表达式中,类型可以作为 int 型的是(   )。
   A. "abc"+"efg"   B. "abc"+'efg'   C. 'a'+'b'   D. 3+"4"
8. 阅读下列程序:

```
public class Test   implements   Runnable{
    private   int   x = 0;
    private   int   y = 0;
    boolean   flag = true;
    public   static   void   main(String[ ] args) {
        Test   r = new Test( );
        Thread   t1 = new Thread(r);
        Thread   t2 = new Thread(r);
        t1.start( );
        t2.start( );
    }
    public void run(){
        while(flag) {
```

```
        x++;
        y++;
        System.out.println("(" +x+ "," +y+ ")");
        if (x>=10)
            flag = false;
        }
    }
}
```

下列对程序运行结果描述的选项中,正确的是(　　)。

  A. 每行的(x,y)中,可能有 x≠y;每一对(x,y)值都出现两次

  B. 每行的(x,y)中,可能有 x≠y;每一对(x,y)值仅出现一次

  C. 每行的(x,y)中,可能有 x=y;每一对(x,y)值都出现两次

  D. 每行的(x,y)中,可能有 x=y;每一对(x,y)值都出现一次

9. 如果线程正处于运行状态,则它可能到达的下一个状态是(　　)。

  A. 只有终止状态   B. 只有阻塞状态和终止状态

  C. 可运行状态、阻塞状态、终止状态 D. 其他所有状态

10. 在下列程序的横线处,应填入的正确选项是(　　)。

```
import java.io. * ;
public class writeInt{
    public static void main(String[ ] args) {
        int[ ] myArray = {10,20,30,40};
        try{
            DataOutputSystem dos = new DataOutputSystem(new FileOutputSystem("ints.dat"));
            for  (int i = 0; I<myArray.length; i++)
                dos.writeInt(myArray[i]);
            dos._____;
            System.out.println("Have written binary file ints.dat");
        }
        catch(IOException ioe)  {
            System.out.println("IO Exception");
        }
    }
}
```

  A. start( )   B. close( )   C. read( )   D. write( )

11. 在一个线程中调用下列方法,不会改变该线程运行状态的是(　　)。

  A. yield 方法   B. 另一个线程的 join 方法

  C. sleep 方法   D. 一个对象的 notify 方法

12. 在关闭浏览器时调用,能够彻底终止 Applet 并释放该 Applet 所有资源的方法是(　　)。

  A. stop( )   B. destroy( )   C. paint( )   D. start( )

13. 为了将 HelloApplet(主类名为 HelloApplet. class)嵌入在 greeting. html 文件中,应该在下列 greeting. html 文件的横线处填入的代码是(　　)。

```
<HTML>
<HEAD>
<TITLE> Greetings </TITLE>
</HEAD>
<BODY>
<APPLET _____>
</APPLET>
</BODY>
</HTML>
```

    A. HelloApplet. class

    B. CODE=" HelloApplet. class"

    C. CODE="HelloApplet. class" WIDTH=150 HEIGHT=25

    D. CODE="HelloApplet. class   WIDTH=10 HEIGHT=10"

14. 下列变量名的定义中,符合 Java 命名约定的是(   )。

    A. fieldname   B. super   C. Intnum   D. $ number

15. 自定义异常类的父类可以是(   )。

    A. Error   B. VirtuaMachineError

    C. Exception   D. Thread

16. 阅读下列程序段:

```
public void Test(){
  try{
    sayHello();
    System. out. println("hello");
  } catch (ArrayIndexOutOfBoundException e) {
    System. out. println("ArrayIndexOutOfBoundException");
  }catch(Exception e){
    System. out. println("Exception");
  }finally {
    System. out. println("finally");
  }
}
```

如果 sayHello()方法正常运行,则 Test()方法的运行结果将是(   )。

    A. hello

    B. ArrayIndexOutOfBondsException

    C. Exception

       finally

    D. hello

       finally

17. 为使 Java 程序独立于平台,Java 虚拟机把字节码与各个操作系统及硬件(   )。

    A. 分开   B. 结合   C. 联系   D. 融合

18. Java 中的基本数据类型 int 在不同的操作系统平台的字长是(   )。

A. 不同的   B. 32 位   C. 64 位   D. 16 位

19. String、StingBuffer 都是( )类,都不能被继承。

     A. static   B. abstract   C. final   D. private

20. 下列程序的功能是统计字符串中"array"的个数,在程序的下画线处应填入的正确选项是( )。

```
public class FindKeyWords{
    public static void main(Sring[ ] args){
        sting text =
            " An array is a data structur that stores a collection of"
            + "values of the same type . You access each individual value"
            + "through an integer index . For example, if a is an array"
            + "of inergers, then a[ i ] is the ith integer in the array.";
        int arrayCount = 0;
        int index = - 1;
        String  arrarStr = "array";
        index = text. indexOf(arrayStr);
        while( index _____ 0) {
            ++arrayCount;
            index += arrayStr. length();
            index = text. indexOf(arrayStr, index);
        }
        System. out. println("the text contains" + arrayCount + "arrays");
    }
}
```

A. <   B. =   C. <=   D. >=

21. 构造方法名必须与( )相同,它没有返回值,用户不能直接调用它,只能通过 new 调用。

     A. 类名   B. 对象名   C. 包名   D. 变量名

22. 在多线程并发程序设计中,能够给对象 x 加锁的语句是( )。

     A. x. wait( )   B. synchronized(x)

     C. x. notify( )   D. x. synchronized( )

23. Java 中类 ObjectOutputStream 支持对象的写操作,这是一种字节流,它的直接父类是( )。

     A. Writer   B. DataOutput   C. OutputStream   D. ObjectOutput

24. 在下列程序的下画线处应填入的正确选项是( )。

```
import java.io. * ;
public class ObjectStreamTest{
    public static void main(String args[]) throws IOException{
        ObjectOutputStream oos = new ObjectOutputStream
            (new FileOutputStream("serial.bin"));
        java.util. Date d = new java. util. Date();
        oos _____(d);
```

```
        ObjectInputStream ois =
            new ObjectInputStream(new FileOutputStream("serial.bin"));
        try{
            java.util.date restoredDate = (java.util.Date) ois.readObject();
            System.out.println("read object back from serial.bin file:" + restoredDate);
        }
        catch (ClassNotFoundException  cnf) {
            System.out.println ("class not found");
        }
    }
}
```

A. WriterObject　　　B. Writer　　　　C. BufferedWriter　D. WriterObject

25. Class 类的对象由(　　)自动生成,隐藏在. class 文件中,它在运行时为用户提供信息。

A. Java 编译器　　　　　　　　　B. Java 解释器

C. Java new 关键字　　　　　　　D. Java 类分解器

二、填空题

1. 按照 Java 的线程模型,代码和_____构成了线程体。

2. 在多线程程序设计中,如果采用继承 Thread 类的方式创建线程,则需要重写 Thread 类的_____方法。

3. 在下列 Java Applet 程序的下画线处填入代码,使程序完整并能够正确运行。

```
import java.awt. * ;
import java.applet. * ;
public class Greeting extends applet{
  public void _____(Graphics  g) {
    g.drawSting("how are you!",10,10);
  }
}
```

4. 在 Java 语言中,用_____修饰符定义的类为抽象类。

5. 在 Java 中,字符是以 16 位的_____码表示。

6. 在下列程序的下画线处,填上适当的内容。

```
import java.awt. * ;
import java.util. * ;
public class BufferTest{
    public static void main(String args[])  throws  IOException{
        FileOutputStream unbuf = new FileOutputStream("test.one") ;
        BufferedOutputStream buf = new _____(new FileOutputStream("test.two"));
        System.out.println("write file unbuffered: " + time(unbuf) + "ms");
        System.out.println("write file buffered:" + time(buf) + "ms");
    }
    static int time (OutputStream  os)  throws  IOException{
        Date then = new Date();
```

```
            for (int   i = 0; i < 50000; i++){
                os.write(1);
            }
        }
    os.close();
    return(int)(()new Date()).getTime() - then.getTime());
}
```

7. 代码 System. out. println(066)的输出结果是_____。

8. Swing 中用来表示工具栏的类是 javax. swing. _____。

9. 表达式(10 * 49. 3)的类型是_____型。

10. 抛出异常的语句是_____语句。

参 考 答 案

综合习题 1 参考答案

一、选择题

1. D	2. A	3. A	4. C	5. D	6. C	7. D
8. B	9. D	10. B	11. C	12. A	13. A	14. C
15. A	16. C	17. B	18. B	19. A	20. C	21. B
22. D	23. A	24. B	25. C			

二、填空题

1. 类

2. >>>

3. 容器

4. CardLayout

5. HTML

6. Applet

7. 数据

8. 键盘

9. lang

10. Object

综合习题 2 参考答案

一、选择题

1. B	2. C	3. D	4. A	5. D	6. C	7. D
8. B	9. C	10. A	11. A	12. A	13. C	14. C
15. D	16. B	17. D	18. C	19. B	20. A	21. C
22. C	23. D	24. A	25. B			

二、填空题

1. 字节码

2. 内部类

3. 33 66 99

4. 110 110 110 110 110

5. 统一资源定位符

6. GregorianCalendar

7. False

8. 2

9. public

10. setLength()

综合习题 3 参考答案

一、选择题

1. A	2. A	3. D	4. B	5. D	6. A	7. B
8. A	9. D	10. A	11. C	12. A	13. B	14. C
15. D	16. A	17. C	18. C	19. B	20. C	21. D
22. A	23. B	24. D	25. D			

二、填空题

1. super

2. \"

3. JTable

4. JComponent

5. 数据

6. 抽象

7. 内部类

8. JApplet

9. Object

10. extends Thread

综合习题 4 参考答案

一、选择题

1. B	2. C	3. D	4. D	5. B	6. A	7. C
8. D	9. C	10. B	11. B	12. B	13. C	14. A
15. C	16. D	17. A	18. B	19. C	20. D	21. A
22. B	23. C	24. D	25. A			

二、填空题

1. 数据

2. run

3. paint

4. abstract

5. Unicode

6. BufferedOutputStream
7. t
8. JToolBar
9. double
10. throw Exception

Java 模拟试卷

模拟试卷 1

得分 □□□ 一、**选择题**(本题共 20 小题,每小题 1 分,共 20 分)

1. 下列叙述中正确的是( )。
   A. Java 类文件的扩展名为.java
   B. Java 源文件的扩展名为.class
   C. Java 类文件的扩展名为.jar
   D. javac 命令的主要功能是执行.class 文件

2. Java 程序的执行过程中用到一套 JDK 工具,其中 javac.exe 是指( )。
   A. Java 文档生成器　　　　　　　　B. Java 解释器
   C. Java 编译器　　　　　　　　　　D. Java 类分解器

3. 以下标识符中不合法的是( )。
   A. BigOlLong　　　　B. _ut　　　　C. 12s　　　　D. ＄3d

4. 执行以下代码 int[] x＝new int[4]后,正确的是( )。
   A. x[3]为 0　　　B. x[3]未定义　　　C. x[4]为 0　　　D. x[0]为空

5. 可以使一个类中定义的成员变量任意访问的修饰符是( )。
   A. private　　　　B. 无修饰符　　　　C. public　　　　D. protected

6. 推出 Java 语言的公司是( )。
   A. Microsoft　　　　B. Macromedia　　　　C. Borland　　　　D. Sun

7. main 方法是 Java Application 程序执行的入口点,关于 main 方法的方法头以下合法的是( )。
   A. public static void main
   B. public static void main(String[] args)
   C. public static int main(String[] args)
   D. public void main(String args[])

8. "int x＝3; int y＝8;System. out. println(y％x);"代码执行后的输出结果为( )。
   A. 0　　　　B. 1　　　　C. 2　　　　D. 3

9. 以下声明合法的是( )。
   A. default String s;

B. public final static native int w()

C. abstract double d;

D. abstract final double hyperbolicCosine()

10. 设有定义"int i＝6 ;",则执行"i ＋＝i － 1;"语句后,i 的值为( )。

    A. 10   B. 121   C. 11   D. 100

11. 创建字符串 s:"s＝new String("xyzy");",以下哪条语句将改变 s( )。

    A. s. append("a")   B. s. concat(s)

    C. s. substring(3)   D. 以上语句都不会

12. 以下不是 Java 的关键字的是( )。

    A. TRUE   B. const   C. super   D. void

13. 下列常见的系统定义的异常中,输入/输出异常的是( )。

    A. ClassNotFoundException   B. IOException

    C. FileNotFoundException   D. UnknownHostException

14. 下列方法中执行线程的方法是( )。

    A. run()   B. start()   C. sleep()   D. suspend()

15. Java 中正确的表达式是( )。

    A. byte＝128;   B. Boolean＝null;

    C. long l＝0xfffL;   D. double＝0.9239d;

16. 在 Java 中,一个类可同时定义许多同名的方法,这些方法的形式参数个数、类型或顺序各不相同,传回的值也可以不相同。这种面向对象程序的特性称为( )。

    A. 隐藏   B. 覆盖

    C. 重载   D. Java 不支持此特性

17. Java 语言的类间的继承关系是( )。

    A. 多重的   B. 单重的   C. 线程的   D. 不能继承的

18. 下列选项中用于在定义子类时声明父类名的关键字是( )。

    A. interface   B. package   C. extends   D. class

19. 在异常处理中,如释放资源、关闭文件、关闭数据库等由( )来完成。

    A. try 子句   B. catch 子句   C. finally 子句   D. throw 子句

20. Java 虚拟机的执行过程有多个特点,下列( )特点不属于 JVM 执行特点。

    A. 多线程   B. 动态连接   C. 异常处理   D. 异步处理

| 得分 | | 二、判断题(对的打"√",错的打"×"。本题共 10 小题,每小题 1 分,共 10 分) |

1. Java 是不区分大小写的语言。   ( )

2. Java 的源代码中定义几个类,编译结果就生成几个以". class"后缀的字节码文件。

        ( )

3. Java 的标准输入对象是 System. in,标准输出对象是 System. out 和 System. err。

        ( )

4. Java 的各种数据类型占用固定长度,与具体的软硬件平台环境无关。   ( )

5. Java 中数组的元素只能是简单数据类型的量。   ( )

6. Java 的 String 类的对象既可以是字符串常量,也可以是字符串变量。   ( )

7. 异常处理中总是将可能产生异常的语句放在 try 块中,用 catch 子句去处理异常。　　　　　　　　　　　　　　　　　　　　　　　　　　　　（　　）

8. 一个类只能有一个父类,但一个接口可以有一个以上的父接口。　（　　）

9. 拥有 abstract 方法的类是抽象类,但抽象类中可以没有 abstract 方法。（　　）

10. 文件缓冲流的作用是提高文件的读/写效率。　　　　　　　　　（　　）

得分 ☐　**三、填空题**(本题共 10 小题,15 个空,每空 1 分,共 15 分)

1. 根据结构组成和运行环境的不同,Java 程序可分为两类:_____和_____。

2. 程序中定义类使用的关键字是_____,每个类的定义由类头定义和类体定义两部分组成,其中类体部分包括_____和_____。

3. Java 程序中定义接口所使用的关键字是_____,接口中的方法都是_____。

4. _____是 Java 程序中所有类的直接或间接父类,也是类库中所有类的父类。

5. "int x,a＝2,b＝3,c＝4;　x＝++a+b+++c++;",执行上述语句后 x 的值为_____。

6. Java 中的浮点型数据根据数据存储长度和数值精度的不同,进一步分为_____和_____两种具体类型。

7. 创建类对象的运算符是_____。

8. 当整型变量 n 的值不能被 13 除尽时,其值为 false 的 Java 语言表达式是_____。

9. 在 Java 语言中,所有的数组都有一个 lenght 属性,这个属性存储了该数组的_____。

10. 表达式 3/6 * 5 的计算结果是_____。

得分 ☐　**四、术语解释**(本题共 5 小题,每小题 2 分,共 10 分)

1. JDBC:

2. JVM:

3. JRE:

4. J2EE:

5. JDK:

得分 ☐　**五、阅读程序,写出运行结果**(本题共 5 小题,每小题 3 分,共 15 分)

1. 写出下列代码执行的结果。

```java
class Q6{
  public static void main(String args[ ]){
    Holder h = new Holder( );
    h.held = 100;
    h.bump(h);
    System.out.println(h.held);
  }
}
class Holder{
  public int held;
  public void bump(Holder theHolder){
```

```
    theHolder.held -- ;
  }
}
```

程序运行结果为: _____

2. 写出下列代码执行的结果。

```
class D{
  public static void main(String args[]){
    int d = 21;
    Dec dec = new Dec( );
    dec.decrement(d);
    System.out.println(d);
  }
  classs Dec{
    public void decrement(int decMe){
      decMe = decMe - 1;
    }
  }
}
```

程序运行结果为: _____

3. 写出下列代码执行的结果。

```
class  Animal {
  Animal() {
    System.out.print ("Animal  ");
  }
}
public  class  Cat  extends  Animal {
  Cat() {
    System.out.print ("Cat ");
  }
  public static void main(String[] args) {
    Cat  kitty = new  Cat();
  }
}
```

程序运行结果为: _____

4. 写出下列代码执行的结果。

```
import  java.io. * ;
public  class  ATest{
  public static void main(String args[]) {
    SubClass  sb = new SubClass( );
    System.out.println(sb.funOfMod( ));
  }
}
class  SuperClass{
```

```
    int  a = 10 , b = - 3 ;
}
class  SubClass  extends  SuperClass{
    int  funOfMod( ) {
        return   a % b;
    }
}
```

程序运行结果为：＿＿＿＿＿＿＿＿＿＿＿＿＿

5. 写出下列代码执行的结果。

```
public void test( ) {
    try { oneMethod( );
        System. out. println("condition 1");
    } catch (ArrayIndexOutOfBoundsException e)  {
        System. out. println("condition 2");
    } catch(Exception e)   {
        System. out. println("condition 3");
    } finally  {
        System. out. println("finally");
    }
}
```

在 oneMethod( )方法运行正常的情况下，程序段的运行结果为：＿＿＿＿＿＿＿＿＿＿

得分 ＿＿＿＿ **六、程序填空**(本题共 1 小题,5 个空,每空 2 分,共 10 分)

下面是基于套接字的客户端程序,客户程序向服务程序发出连接请求,在连接创建后向服务程序发送信息并接收服务程序的回应在屏幕上显示出来,请将程序补充完整。

```
import java.io. * ;
import java.net. * ;
public class ClientSocketDemo {
    public static void main(String[ ] args) throws IOException {
        InetAddress ipaddress = InetAddress. getByName(null);
        System. out. println("ipaddress = " + ipaddress);
        Socket socket =   ①   Socket (ipaddress, ServerSocketDemo. PORT);
        try {
            BufferedReader in = new        ②
                            (new InputStreamReader(socket. getInputStream()));
            PrintWriter out = new PrintWriter(new BufferedWriter
                            (new OutputStreamWriter(socket. getOutputStream())), true);
            for (int i = 0; i < 10; i++) {
                        ③        ("Message " + i);
                String str = in. readLine();
                System. out. println(str);
            }
            out. println("End Communications");
        }
            ④        {
        System. out. println("Communications closing...");
```

```
            ⑤        ;
        }
    }
}
```

七、编程题(本题共 2 小题,共 20 分)

1. 编写 BankAccount 类和测试类 BankTest,要求如下。(15 分)

(1) 该类有存款人姓名(name,String)、存款额(balance,double)、存期(year,int)及利率(rate,double)4 个属性,其中利率的默认值为 0.01。

(2) 该类有两个重载的构造方法,其中一个构造方法不含形参,设置默认的存款额为 10 元,存期为一年;另一个构造方法包含两个用于创建对象时设置存款额与存期的形参。

(3) 该类有 3 个方法,存款(save)、取款(fetch)及计算存期满后的总金额(calcTotal)。

(4) 在测试类中创建一账户 tom,创建时即(利用构造方法)存入 1000 元,存期 3 年,后又存入 2000 元(利用 save 方法),计算存期满后的总金额(利用 calcTotal 方法),并依次输出 tom 的姓名、存款额及总金额。

2. 编写程序,实现对于给定的文件能保证文件存在并可用。(5 分)

模拟试卷 1 参考答案

一、选择题(本题共 20 小题,每小题 1 分,共 20 分)

1. B	2. C	3. C	4. A	5. C	6. D	7. B	8. C	9. B	10. C
11. D	12. A	13. B	14. A	15. C	16. C	17. B	18. C	19. C	20. B

二、判断题(本题共 10 小题,每小题 1 分,共 10 分)

1. ×	2. √	3. √	4. √	5. ×	6. ×	7. ×	8. √	9. √	10. √

三、填空题(本题共 10 小题,15 个空,每空 1 分,共 15 分)

1. Java Applet Java Application

2. class 属性 方法(注意顺序不可颠倒)

3. interface 抽象方法(注意顺序不可颠倒)

4. Object

5. 10

6. float double

7. new

8. n%13

9. 元素个数

10. 0

四、术语解释(本题共 5 小题,每小题 2 分,共 10 分)

1. JDBC:Java 数据库连接

2. JVM:Java 虚拟机

3. JRE:Java 运行环境

4. J2EE:Java 2 企业级版本

5. JDK：Java 工具包

五、阅读程序,写出运行结果(本题共 5 小题,每小题 3 分,共 15 分)

1. 99　　2. 21　　3. Animal Cat　　4. 1　　5. Condition 1　　finally

六、程序填空(本题共 1 小题,5 个空,每空 2 分,共 10 分)

1. new

2. BufferedReader

3. out. println

4. finally

5. socket. close()

七、编程题(本题共 2 小题,共 20 分)

1. 参考程序如下。(本题 15 分)

```java
//源程序:BankAccounts
public class BankAccounts{
    String name;
    double balance;
    int year;
    double rate = 0.01;

    BankAccounts(){
        balance = 10.0;
        year = 1;
    }
    BankAccounts(double balance, int year){
        this. balance = balance;
        this. year = year;
    }
    void save(double newBalance){
        balance = balance + newBalance;
    }
    void fetch(double newBalance){
        balance = balance − newBalance;
    }
    double calcTotal(){
        return balance = balance + balance * rate * year;
    }
}

//源程序:BankTest. java
public class BankTest{
    public static void main(String args[]){
        BankAccounts tom = new BankAccounts(1000,3);
        tom. save(2000);
        double total;
        total = tom. calcTotal();
        System. out. println("name = " + tom. name);
        System. out. println("balance = " + tom. balance);
        System. out. println("total = " + total);
    }
}
```

2. 参考程序如下：(5 分)

```java
import java.io.File;
import java.io.FileOutputStream;
import java.io.FileNotFoundException;

public class GuaranteeAfile{
  public static void main(String[] args){
    String filename = "C:/Beg Java Stuff/Bonzo/Beanbag/myFile.txt";
    File aFile = new File(filename);              //Create the File object

    //Verify the path is a file
    if (aFile.isDirectory()) {

      // Abort after a message
      // You could get input from the keyboard here and try again…
      System.out.println("The path " + aFile.getPath()
                          + " does not specify a file. Program aborted.");
      System.exit(1);
    }

    //If the file doesn't exist
    if (!aFile.isFile()) {
      // Check the parent directory…
      aFile = aFile.getAbsoluteFile();
      File parentDir = new File(aFile.getParent());
      if (!parentDir.exists()) {                  //…and create it if necessary
        parentDir.mkdirs();
      }
    }

    FileOutputStream outputFile = null;           // Place to store the stream reference
    try {
      //Creat the stream opened to append data
      outputFile = new FileOutStream(aFile, true);
    }catch (FileNotFoundException e) {
      e.printStackTrace(System.err);
    }
    System.exit(0);
  }
}
```

模拟试卷 2

得分 [　　] 一、选择题(本题共 20 小题，每小题 1 分，共 20 分)

1. Java Application 中的主类需包含 main 方法，main 方法的返回类型是(　　)。

　　　　A. int　　　　　　　　B. float　　　　　　C. double　　　　　D. void

2. 关于被保护访问控制符 protected 修饰的成员变量,以下说法正确的是(　　)。

　　A. 可以被 3 种类所引用:该类自身、与它在同一个包中的其他类、在其他包中的该
　　　　类的子类

　　B. 可以被两种类访问和引用:该类本身、该类的所有子类

　　C. 只能被该类自身所访问和修改

　　D. 只能被同一个包中的类访问

3. 以下标识符中,(　　)项是不合法的。

　　A. BigOlLong＄223　B. _utfint　　　　　C. ＄12s　　　　　D. 3d

4. 以下代码段执行后的输出结果为(　　)。

```
int x = 3; int y = 8;System.out.println(y % x);
```

　　　　A. 0　　　　　　　　　B. 1　　　　　　　　C. 2　　　　　　　　D. 3

5. 以下关于构造函数的描述错误的是(　　)。

　　A. 构造函数的返回类型只能是 void 型

　　B. 构造函数是类的一种特殊函数,它的方法名必须与类名相同

　　C. 构造函数的主要作用是完成对类的对象的初始化工作

　　D. 一般在创建新对象时,系统会自动调用构造函数

6. 在 Java 中,一个类可同时定义许多同名的方法,这些方法的形式参数个数、类型或
顺序各不相同,传回的值也可以不相同。这种面向对象程序的特性称为(　　)。

　　A. 隐藏　　　　　　　　　　　　　　B. 覆盖

　　C. 重载　　　　　　　　　　　　　　D. Java 不支持此特性

7. Java 语言的类间的继承关系是(　　)。

　　　　A. 多重的　　　　　　　B. 单重的　　　　　C. 线程的　　　　D. 不能继承

8. 下列选项中,用于在定义子类时声明父类名的关键字是(　　)。

　　　　A. interface　　　　　B. package　　　　　C. extends　　　　D. class

9. 下列语句序列执行后,k 的值是(　　)。

```
int i = 10, j = 18, k = 30;
switch( j - i )
{  case 8 : k++;
   case 9 : k += 2;
   case 10: k += 3;
   default : k/ = j;
}
```

　　　　A. 31　　　　　　　　　B. 32　　　　　　　　C. 2　　　　　　　　D. 33

10. 在异常处理中,如释放资源、关闭文件、关闭数据库等由(　　)来完成。

　　　　A. try 子句　　　　　B. catch 子句　　　　C. finally 子句　　　D. throw 子句

11. 在 Java 中,负责对字节代码解释执行的是(　　)。

　　　　A. 垃圾回收器　　　B. 虚拟机　　　　　C. 编译器　　　　　D. 多线程机制

12. 在 Java 中,由 Java 编译器自动导入,而无须在程序中用 import 导入的包是(　　)。

    A. java.applet   B. java.awt   C. java.util   D. java.lang

13. 在 Java 中,用 package 语句说明一个包时,该包的层次结构必须是(　　)。

    A. 与文件的结构相同   B. 与文件目录的层次相同

    C. 与文件类型相同   D. 与文件大小相同

14. int 型 public 成员变量 MAX_LENGTH,该值保持为常数 100,则定义这个变量的语句是(　　)。

    A. public int MAX_LENGTH＝100

    B. final int MAX_LENGTH＝100

    C. public const int MAX_LENGTH＝100

    D. public final int MAX_LENGTH＝100

15. 下列关于线程优先级的说法中正确的是(　　)。

    A. 线程的优先级是不能改变的

    B. 线程的优先级是在创建线程时设置的

    C. 在创建线程后的任何时候可以设置

    D. B 项和 C 项都正确

16. 下列方法中,(　　)是执行线程的方法。

    A. run()   B. start()   C. sleep()   D. suspend()

17. Java 虚拟机的执行过程有多个特点,下列(　　)特点不属于 JVM 执行特点。

    A. 多线程   B. 动态连接   C. 异常处理   D. 异步处理

18. Java 程序的执行过程中用到一套 JDK 工具,其中 java.exe 是指(　　)。

    A. Java 文档生成器   B. Java 解释器

    C. Java 编译器   D. Java 类分解器

19. 以下由 for 语句构成的循环执行的次数是(　　)。

```
for ( int i = 0; true ; i++);
```

    A. 有语法错误,不能执行   B. 无限次

    C. 执行 1 次   D. 一次也不执行

20. 若已定义"byte[ ] x={11,22,33,−66};",其中 0≤k≤3,则对 x 数组元素错误的引用是(　　)。

    A. x[5−3]   B. x[k]   C. x[k+5]   D. x[0]

得分	

二、**判断题**(对的打"√",错的打"×",本题共 10 小题,每小题 1 分,共 10 分)

1. Java 是不区分大小写的语言。 (　　)

2. Java 的各种数据类型占用固定长度,与具体的软硬件平台环境无关。 (　　)

3. 一个类只能有一个父类,但一个接口可以有一个以上的父接口。 (　　)

4. 与 C 语言不同的是,Java 语言中的数组元素下标总是从 1 开始。 (　　)

5. 即使一个类中未显式定义构造函数,也会有一个默认的构造函数,默认的构造函数是无参的,函数体为空。 (　　)

246

6. 异常处理中总是将可能产生异常的语句放在 try 块中，用 catch 子句去处理异常，而且一个 try 块之后只能对应一个 catch 语句。　　　　　　　　　　　　　　（　　）

7. 构造函数用于创建类的实例对象，构造函数名应与类名相同，在类中必须定义构造函数，且只能定义一个构造函数。　　　　　　　　　　　　　　　　　　（　　）

8. 所谓抽象类就是包含有抽象方法的类。　　　　　　　　　　　　　　（　　）

9. 程序员可不必释放已创建的对象，因为 Java 有垃圾回收机制，内存回收程序可在指定的时间释放内存对象。　　　　　　　　　　　　　　　　　　　　　（　　）

10. 由继承性可知，程序中子类拥有的成员数目一定大于等于父类拥有的成员数。
　　　　　　　　　　　　　　　　　　　　　　　　　　　　　　　　（　　）

得分 ☐　　**三、填空题**（本题共 7 小题，10 个空，每空 2 分，共 20 分）

1. 根据结构组成和运行环境的不同，Java 程序可分为两类：_____、_____。

2. 程序中定义类使用的关键字是_____。

3. 定义类就是定义一种抽象的_____，它是所有具有一定共性的对象的抽象描述。

4. Java 语言中的浮点型数据根据数据存储长度和数值精度的不同，进一步分为_____和_____两种具体类型。

5. 在 Java 语言中，所有的数组都有一个 length 属性，这个属性存储了该数组的_____。

6. _____是 Java 程序中所有类的直接或间接父类，也是类库中所有类的父类。

7. 下面是一个类的定义，请填空。

```
public class _____
{
    int x, y;
    Myclass ( int i, _____ )  // 构造函数
    {
        x = i;
        y = j;
    }
}
```

得分 ☐　　**四、阅读程序，写出运行结果**（本题共 4 小题，每小题 5 分，共 20 分）

1. 写出下列代码执行的结果。

```
public class Short{
    public static void main(String args[ ]) {
        StringBuffer s = new StringBuffer("Boy");
        if((s.length( )<3)&& (s.append("男孩") . equals("False")));
        System.out.println("结果为: " + s);
    }
}
```

程序运行结果为：_____

2. 写出下列代码执行的结果。

```
class  Animal {
    Animal(){ System.out.print ("Animal"); }
}
public  class  Cat  extends  Animal{
    Cat(){System.out.print ("Cat ");    }
    public static void main(String[ ] args){
        Cat  kitty = new  Cat();
    }
}
```

程序运行结果为：_____

3. 写出下列代码执行的结果。

```
class  StringTest1{
    public static void main(String[ ] args)
    {
        String s1 = "hello";
        String s2 = new String("hello");
        if(s1 == s2){
            System.out.println("s1 == s2");
        }else{
            System.out.println("s1!= s2");
        }
    }
}
```

程序运行结果为：_____

4. 写出下列代码执行的结果。

```
class MyException extends Exception{
    public String toString( )
    {    return "negative";    }
}
public class ExceptionDemo{
    public static void mySqrt(int a) throws MyException {
        if( a < 0 ) throw new MyException();
        System.out.println(Math.sqrt(a));
    }
    public static void main( String args[ ] ){
        try{
            mySqrt( 25 );
            mySqrt( - 5 );
        } catch(MyException e ){
            System.out.println("Caught " + e);
        }
    }
}
```

程序运行结果为：_____

得分 ☐ **五、编程题**(本题共 3 小题,共 30 分)

1. 设计一个 Dog 类,有名字、颜色、年龄等属性,定义构造方法用来初始化类的这些属性,定义方法输出 Dog 的信息。编写应用程序使用 Dog 类。(10 分)

2. 定义一个接口 ClassName,接口中只有一个抽象方法 GetClassName( )。设计一个类 Horse,该类实现接口 ClassName 中的方法 GetClassName( ),功能是获取该类的类名。编写应用程序使用 Horse 类。(10 分)

3. 设计一个循环控制变量,使其在循环中递减,最后为 0,并作为除数,编写应用程序捕获这个异常。(10 分)

模拟试卷 2 参考答案

一、选择题(本题共 20 小题,每小题 1 分,共 20 分)

1. D	2. A	3. D	4. C	5. A	6. C	7. B	8. C	9. C	10. C
11. B	12. D	13. B	14. D	15. D	16. A	17. D	18. B	19. B	20. C

二、判断题(本题共 10 小题,每小题 1 分,共 10 分)

1. ×	2. √	3. √	4. ×	5. √	6. √	7. ×	8. √	9. √	10. ×

三、填空题(本题共 7 小题,10 个空,每空 2 分,共 20 分)

1. Java Applet　Java Application

2. class

3. 数据结构

4. float double

5. 元素个数

6. Object

7. Myclass int j(注意顺序不可颠倒)

四、阅读程序,写出运行结果(本题共 4 小题,每小题 5 分,共 20 分)

1. 结果为:Boy

2. AnimalCat

3. s1!＝s2

4. 5.0

　　Caught negative

五、编程题(本题共 3 小题,共 30 分)

1. 参考程序如下:(10 分)

```
class Dog{
    String name,colo;
    int age;
    Dog(String name,String colo,int age){
        this.name = name;
```

```
            this.colo = colo;
            this.age = age;
        }
        void output(){
            System.out.println("This dog is : " + name + ";Its color is " + colo + ";Its age is " + age);
        }
        public static void main(String[] args){
            Dog dog = new Dog("HeiBei","Red",7);
            dog.output();
        }
    }
```

2. 参考程序如下：(10 分)

```
interface ClassName {
    public String GetClassName();
}

class Horse implements ClassName {
    public String GetClassName() {
        return Horse.class.getName();
    }
}

public class MyHorse{
    public static void main(String args[]){
        Horse obj = new Horse();
        System.out.println("类名: " + obj.GetClassName());
    }
}
```

3. 参考程序如下：(10 分)

```
public class loopTryCatch {
    public static void main(String[] args) {
        int i = 12;
        for(int j = 3;j >= -1;j--)  {
            try  {
                System.out.println("Try block entered i = " + i + " j = " + j);
                System.out.println(i/j);
                System.out.println("Ending try block");
            }catch(ArithmeticException e){
                System.out.println("Arithmetic exception caught");
            }
        }
        System.out.println("After try block");
        return;
    }
}
```

模拟试卷 3

得分 [　　　] 一、选择题(本题共 20 小题,每小题 1 分,共 20 分)

1. 算术表达式 1+2/3-4*5 的值为(　　　)。

    A. 1   B. -19   C. -5   D. 0

2. 下列整型的最终属性 i 的定义中正确的是(　　　)。

    A. final i;   B. static int i;

    C. static final int i=234;   D. final float i=3.14f;

3. 下列选项中,(　　　)是合法标识符。

    A. 2end   B. -hello   C. =AB   D. 整型变量

4. 下列选项中,(　　　)不属于面向对象程序设计的基本要素。

    A. 类   B. 对象   C. 方法   D. 安全

5. Java 变量中,以下属于基本数据类型的是(　　　)。

    A. 对象   B. 字符型   C. 数组型   D. 接口

6. 下面表达式中,(　　　)可以用来得到 X 和 Y 的最大值。

    A. X>Y? Y:X   B. X<Y? Y:X

    C. X>Y? (X+Y):(X-Y)   D. X==Y? Y:X

7. 下面关于 Java 语言特点的描述中错误的是(　　　)。

    A. Java 是纯面向对象编程语言,支持单继承和多继承

    B. Java 支持分布式的网络应用,可透明地访问网络上的其他对象

    C. Java 支持多线程编程

    D. Java 程序与平台无关、可移植性好

8. 在 switch(expression)语句中,expression 的数据型不能是(　　　)。

    A. char   B. short   C. double   D. byte

9. Java 的核心包中,提供编程应用的基本类的包是(　　　)。

    A. java. util   B. java. lang   C. java. applet   D. java. rmi

10. 在类的修饰符中,规定只能被同一包中的类所使用的修饰符是(　　　)。

    A. public   B. 默认   C. final   D. abstract

11. 当 if…else 嵌套时,else 总是与(　　　)配对使用。

    A. 同一行的 if   B. 同一列的 if

    C. 在它前面最近的 if   D. 在它前面最近且未配对的 if

12. Java 中,使用"接口"时的关键字是(　　　)。

    A. extends   B. abstract   C. implements   D. class

13. Java 中属于类的访问限定符的是(　　　)。

    A. public   B. private   C. protected   D. final

14. 定义一个类名为 MyClass. java 的类,并且该类可被一个工程中的所有类访问,则下列声明正确的是(　　　)。

    A. public class MyClass extends Object

B. public class MyClass

C. private class MyClass extends Object

D. class MyClass extends Object

15. 下列关于构造方法的叙述中错误的是(　　)。

A. 构造方法名与类名必须相同

B. 构造方法没有返回值,且不用 void 声明

C. 构造方法只能通过 new 自动调用

D. 构造方法不可以重载,但可以继承

16. 下列对多态性的描述错误的是(　　)。

A. Java 语言允许方法重载与方法覆盖

B. Java 语言允许运算符重载

C. Java 语言允许变量覆盖

D. 多态性提高了程序的抽象性和简洁性

17. 声明含有 50 个字符的数组的正确的语句是(　　)。

A. char c[][];　　　　B. char []c;　　　　C. char c[];　　　　D. char c[50];

18. 以下描述正确的是(　　)。

A. 在 Java 中任何类都可以创建该类的对象

B. 在定义抽象类时使用的关键字是 abstract

C. 当一个类被 final 关键字修饰后,它将不能再派生子类

D. 在 Java 中,不再引用的空间必须由程序释放

19. 下面不属于迭代器接口(Iterator)所定义的方法是(　　)。

A. hasNext( )　　　　B. next( )　　　　C. remove( )　　　　D. nextElement( )

20. (　　)不属于 InputStream 类的子类。

A. DataInputStream   B. BufferedInputStream

C. InputReader   D. FileInputStream

得分 ☐☐☐☐　　二、**填空题**(本题共 9 小题,15 个空,每空 1 分,共 15 分)

1. 在循环中使用_____语句,将跳过本轮循环的剩余语句,进入循环的下一轮。

2. Java 中,_____关键字表示父类与子类间的继承关系。

3. 在子类中使用关键字_____做前缀可调用被子类覆盖的父类中的方法。

4. Java 中的浮点型数据根据数据存储长度和数值精度的不同,进一步分为_____和_____两种具体类型。

5. Java 使用固定于首行的_____语句来创建包,利用_____关键字引入包。

6. Java 系统预先定义了 3 个对象分别表示标准输入设备、_____和_____。

7. _____类封装了对文件(目录)进行操作的功能和方法,如文件的复制、删除、重命名和获取文件属性等操作。

8. 允许在一个类的内部定义另一个类,这种类称为嵌套类。非静态嵌套类,即没有使用 static 修饰符修饰的嵌套类被称作为_____,而包含嵌套类定义代码的类则称为_____。

9. Java 提供的 3 个平台为_____、_____和_____。

得分 ☐ 　**三、阅读程序，写出运行结果**（本题共 6 小题，每小题 3 分，共 18 分）

1. 写出下列代码执行的结果。

```java
public class ex2 {
  public static void main(String[] args) {
    for( int cnt = 0;cnt < 10;cnt++) {
      if(cnt == 3)
      break;
    System. out. println("cnt = " + cnt);
    }
  }
}
```

程序运行结果为：_____

2. 写出下列代码执行的结果。

```java
public class Test {
  void printValue(int m){
    do {
      System. out. println("The_value_is_" + m);
    } while(  -- m > 10 ) ;
  }
  public static void main(String arg[]) {
    int i = 10;
    Test t = new Test();
    t. printValue(i);
  }
}
```

程序运行结果为：_____

3. 写出下列代码执行的结果。

```java
public class SortArray {
  public static void main(String args[]) {
    String s1 = "Henry Lee";
    String s2 = "Java Applet";
    String s3 = "Java";
    String st = s1;
    if(st. compareTo(s2)< 0)
        st = s2;
    if(st. compareTo(s3)< 0)
        st = s3;
    System. out. println("big = " + st);
  }
}
```

程序运行结果为：_____

4. 写出下列代码执行的结果。

```
try{
    oneMethod( );
    System.out.println("No Exception ");
}catch (RuntimeException x){
    System.out.println("Runtime Exception ");
    return;
}catch(Exception x){
    System.out.println("Exception ");
    return;
}
finally{
    System.out.println("finally ");
}
System.out.println("5");
```

在 oneMethod( )方法运行正常的情况下,程序段的运行结果为:_____
5. 写出下列代码执行的结果。

```
public class Example{
    public static void main(String args[]){
        Integer b = new Integer(10);
        Add(b);
        System.out.println("b.value = " + b.intValue());
    }
    static void Add(Integer b){
        int I = b.intValue();
        I += 3;
        System.out.println("I = " + I);
        b = new Integer(I);
        System.out.println("b = " + b);
    }
}
```

程序运行结果为:_____
6. 写出下列代码执行的结果。

```
class Parent {
    void printMe() {
        System.out.println("parent");
    }
}
class Child extends Parent {
    void printMe() {
        System.out.println("child");
    }
```

```
    void printAll() {
        super.printMe();
        this.printMe();
        printMe();
    }
}
public class Test_this {
    public static void main(String args[ ]) {
        Child myC = new Child();
        myC.printAll();
    }
}
```

程序运行结果为：_____

得分 _____ **四、程序填空**(本题共 4 小题,13 个空,每空 2 分,共 26 分)

1. 下面是一个使用 String 类中 indexOf、substring 和 lastIndexOf 方法实现对字符串的查找和获取子串的程序,请将程序补充完整。

```
public class StringDemo {
    public static void main(String[] args) {
        String str = "I like java programming";
        int position1 = _____('j');      //获取第一个字符"j"的位置
        String s1 = str.substring(position1);
        String s2 = _____;                //获取字符串"java"
        int position2 = _____('p');       //获取从字符串右侧开始第一个"p"的位置
        String s3 = str.substring(_____);       //获取字符串" programming "
        System.out.println("s1 = " + s1 + " s2 = " + s2 + " s3 = " + s3);
    }
}
```

2. 下面是利用 BufferedReader、InputStreamReader 和 System.in 实现从键盘读入数据并输出到屏幕上的功能,请将程序补充完整。

```
import java.io.*;
public class BufferedDemo{
    public static void main(String[] args) throws IOException {
        System.out.println("input:");
        BufferedReader in = new BufferedReader(
                new InputStreamReader(_____));      //针对键盘建立输入流
        String s = _____;                           //从键盘读入一行数据
        System.out.println("output:" + s);
        in.close();
    }
}
```

3. 下面是一个猜数游戏的程序，请将程序补充完整。

```java
import javax.swing.JOptionPane;
public class Test {
    public static void main(String[] args) {
        System.out.println("设有一个 1~100 的整数,试着猜这个数");
        int number = _____;        //使用 Math.random()方法产生 1~100 的整数
        int yourGuess = 0;
        String str = JOptionPane.showInputDialog("输入猜的数");
        yourGuess = Integer.parseInt(str);
        while (_____)                  //循环条件
            if (_____) {               //条件代码
                str = JOptionPane.showInputDialog("猜大了,再来一次");
                yourGuess = Integer.parseInt(str);
            }
            else if(yourGuess < number) {         //条件代码
                str = JOptionPane.showInputDialog("猜小了,再来一次");
                yourGuess = _____;     //将字符串转换为整数
            }
        System.out.println("猜对了!");
    }
}
```

4. 下面是定义一个接口以及其实现类的程序，请将程序补充完整。

```java
_____ NL{                          //定义接口
    int year = 2010;
    void output();
}
public class PersonNL implements NL{
    String xm;
    int csrq;
    public _____ {                 //声明类的构造方法
        xm = n1;
        csrq = y;
    }
    public void output(){
        System.out.println(this.xm + "今年的年龄是" + _____ + "岁");   //输出 xm 的年龄
    }
}
```

得分 [　　　]　　**五、编写程序**(本题共 1 小题,共 21 分)

按照如下各步骤要求完成 People 类和 Stud 类的定义。

(1) 创建类 People,该类拥有属性：姓名(字符串类型,变量名为 name)、年龄(整型,变量名为 age)。(3 分)

该类具有的方法如下。(6 分)

① 设置该类的有参构造方法,实现对姓名及年龄成员变量的初始化。

② 设置获取方法,方法名为 getInfo( ),用以输出姓名(name)及年龄(age)的值。

（2）创建 People 类的子类 Stud(学生)，该类自己的属性：学生学号(字符串类型，变量名为 sNum)，学生年级(字符串类型，变量名为 grade)。（3分）

该类具有的方法如下。（5分）

① 设置该类的有参构造方法，利用 super 调用父类的有参构造方法，并对学号(sNum)和年级(grade)初始化。

② 重写 getInfo ()方法，该方法调用父类的 getInfo ()方法，并输出学号(sNum)和年级(grade)的值。

（3）创建 TestDemo 主类，在主方法 main()中创建 Stud 类对象 s1，姓名为"Jack"，年龄为 20，学号为"01"，年级为"09405"，通过 s1 调用父类 getInfo( )方法输出相关信息。（4分）

模拟试卷 3 参考答案

一、选择题(本题共 20 小题，每小题 1 分，共 20 分)

1. B	2. C	3. D	4. D	5. B	6. B	7. A	8. C	9. B	10. B
11. D	12. C	13. A	14. B	15. C	16. B	17. D	18. C	19. D	20. C

二、填空题(本题共 9 小题，15 个空，每空 1 分，共 15 分)

1. continue

2. 接口

3. super

4. float double

5. package import （注意顺序不可颠倒）

6. 标准输出设备 标准错误设备

7. File

8. 内部类 外部类 （注意顺序不可颠倒）

9. J2EE J2ME J2SE

三、阅读程序，写出运行结果(本题共 6 小题，每小题 3 分，共 18 分)

1.

```
cnt = 0
cnt = 1
cnt = 2
```

2.

```
The_value_is_10
```

3.

```
big = Java Applet
```

4.

```
No Exception
finally.
```

5.

```
I = 13
b = 13
b. value = 10
```

6.

```
parent
child
Child
```

四、程序填空(本题共 4 小题,13 个空,每空 2 分,共 26 分)

1.

```
str.indexOf('j')
str.substring(position1, position1 + 4)
str.lastIndexOf('p')
position2
```

2.

```
System.in
in.readLine()
```

3.

```
(int)(Math.random() * 100 + 1)
yourGuess!= number
yourGuess > number
Integer.parseInt(str)
```

4.

```
interface
PersonNL(String n1, int y)
year - csrq
```

五、编写程序(本题共 1 小题,共 21 分)

(1) 参考答案如下:(9 分)

```
public class People{
    String name;
```

```
    int   age;
  People (String newName, int   newAge){
    this. name = newName;
    this. age = newAge;
  }
  void getInfo(){
    System. out. println("学生姓名" + name + "学生年龄" + age);
  }
}
```

（2）参考答案如下：（8 分）

```
public class Stud   extends People {
  String sNum;
  String grade;
  Stud (String newName, int   newAge, String newSnum, String newGrade){
    Super(newName, newAge);
    this. sNum = newSnum;
    this. grade = newGrade;
  }
  void getInfo(){
    super. getInfo();
    System. out. println("学生学号" + name + "学生年级" + grade);
  }
}
```

（3）参考答案如下：（4 分）

```
public class TestDemo{
  public static void main(String args[ ]){
      Stud s1 = new Stud("Jack", 20, "01", "09405");
  s1. getInfo();
  }
}
```

评分标准：每行核心代码为 1 分。

第16章　Java 企业面试题

1. 什么是线程？

答：线程是操作系统能够进行运算调度的最小单位，它被包含在进程之中，是进程中的实际运作单位。程序员可以通过它进行多处理器编程，程序员可使用多线程对运算密集型任务提速。如一个线程完成一个任务要 100 毫秒，那么用 10 个线程完成该任务只需 10 毫秒。

2. 线程和进程有什么区别？

答：线程是进程的子集，一个进程可以有很多线程，每个线程并行执行不同的任务。不同的进程使用不同的内存空间，而所有的线程共享所属进程的内存空间。每个线程都拥有单独的栈内存用来存储本地数据。

3. 如何在 Java 中实现线程？

答：Java 创建线程主要有两种方式，一种是通过 Thread 类的继承，另一种是通过实现 Runnable 接口。java. lang. Thread 类的实例就是一个线程，但它需要调用 java. lang. Runnable 接口来执行，由于线程类本身就是调用 Runnable 接口，因此可以继承 java. lang. Thread 类或者直接调用 Runnable 接口来重写 run()方法实现线程。

4. 使用多线程的优缺点是什么？

答：

使用多线程的优点如下：

（1）多线程技术使程序的响应速度更快。

（2）当前没有进行处理的任务可以将处理器时间让给其他任务。

（3）占用大量处理时间的任务可以定期将处理器时间让给其他任务。

（4）可以随时停止任务。

（5）可以分别设置各个任务的优先级以及优化性能。

使用多线程的缺点如下：

（1）等候使用共享资源时造成程序的运行速度变慢。

（2）对线程进行管理要求额外的 CPU 开销。

（3）可能出现线程死锁情况。即较长时间的等待或资源竞争以及死锁等症状。

5. Thread 类中的 start()和 run()方法有什么区别？

答：start()方法被用来启动新创建的线程，而且 start()内部调用了 run()方法，这与直接调用 run()方法的效果不一样。当用户调用 run()方法时，只会是在原来的线程中调用，没有新的线程启动，start()方法会启动新线程。

6. volatile 关键字的作用是什么？

答：

（1）多线程使用 volatile 关键字修饰的变量，保证了其在多线程之间的可见性，即每次读取到 volatile 变量，一定是最新的数据。

（2）Java 代码执行中，为了获取更好的性能 JVM 可能会对指令进行重排序，多线程下可能会出现一些意想不到的问题。使用 volatile 则会对禁止语义重排序，当然这也一定程度上降低了代码执行效率。

7. volatile 和 synchronized 对比如何？

答：

（1）volatile 本质是在告诉 JVM 当前变量在寄存器中的值是不确定的，需要从主存中读取；synchronized 则是锁定当前变量，只有当前线程可以访问该变量，其他线程被阻塞住。

（2）volatile 仅能使用在变量级别；synchronized 则可以使用在变量方法。

（3）volatile 仅能实现变量的修改可见性；synchronized 则可以保证变量的修改可见性和原子性。

（4）volatile 不会造成线程的阻塞；synchronized 可能会造成线程的阻塞。

8. 怎么唤醒一个阻塞的线程？

答： 如果线程是因为调用了 wait()、sleep() 或者 join() 方法而导致的阻塞，可以中断线程，并且通过抛出 Interrupted Exception 来唤醒它；如果线程遇到了 IO 阻塞则不能进行任何处理，因为 IO 是操作系统实现的，Java 代码并没有办法直接接触到操作系统。

9. Java 中如何获取到线程 dump 文件？

答： 遇到死循环、死锁、阻塞、页面打开慢等问题，线程 dump 是最好的解决问题的途径。所谓线程 dump，就是线程堆栈。获取线程堆栈 dump 文件内容分两步。

第一步：获取到线程的 pid，Linux 环境下可以使用 ps -ef | grep java 命令。

第二步：打印线程堆栈，可以通过使用 jstack pid 命令。

10. Java 内存模型是什么？

答： Java 内存模型规定和指引 Java 程序在不同的内存架构、CPU 和操作系统间有确定性的行为，它在多线程的情况下尤其重要。Java 内存模型对一个线程所做的变动能被其他线程可见提供了保证，它们之间是线性发生关系。这个关系定义了一些规则让程序员在并发编程时思路更清晰。例如，线性发生关系确保了线程内的代码能够按先后顺序执行，这被称为程序次序规则。对于同一个锁，一个解锁操作一定要发生在时间上后发生的另一个锁定操作之前，也称为管程锁定规则。前一个对 volatile 的写操作在后一个 volatile 的读操作之前，也称为 volatile 变量规则。

11. Java 内存分配有哪些？

答：

（1）寄存器：JVM 内部虚拟寄存器，存取速度非常快，程序不可控制。

（2）栈区：保存局部变量的值，包括用来保存基本数据类型的值，保存类的实例（即堆区对象的引用），也可以用来保存加载方法时的帧。

（3）堆：用来存放动态产生的数据，如 new 出来的对象。注意创建出来的对象只包含属于各自的成员变量，并不包括成员方法。因为同一个类的对象拥有各自的成员变量，存储在各自的堆中，但是它们共享该类的方法，并不是每创建一个对象把成员复制一次。

（4）常量池：JVM 为每个已加载的类型维护一个常量池，常量池就是这个类型用到的常量的一个有序集合，包括直接常量（基本类型及 String）和其他类型引用，池中的数据和数组一样通过索引访问。

（5）代码段：用来存放从硬盘上读取的源程序代码。

（6）数据段：用来存放 static 定义的静态成员。

12. 谈谈 Java 中垃圾回收机制。

答：

（1）垃圾回收的意义。

在 C++ 中，对象所占的内存在程序结束运行之前一直被占用，在明确释放之前不能分配给其他对象；而在 Java 中，当没有对象引用指向原先分配给某个对象的内存时，该内存便成为垃圾。JVM 的一个系统级线程会自动释放该内存块。垃圾回收意味着程序不再需要的对象是"无用信息"，这些信息将被丢弃。当一个对象不再被引用的时候，内存回收它占据的空间，以便空间被后来的新对象使用。事实上，除了释放没用的对象，垃圾回收也可以清除内存记录碎片。由于创建对象和垃圾回收器释放丢弃对象所占的内存空间，内存会出现碎片。碎片是分配给对象的内存块之间的空闲内存洞。碎片整理将所占用的堆内存移到堆的一端，JVM 将整理出的内存分配给新的对象。

垃圾回收能自动释放内存空间，减轻编程的负担。这使 Java 虚拟机具有一些优点。首先，它能使编程效率提高。在没有垃圾回收机制的时候，可能要花许多时间来解决一个难懂的存储器问题。在用 Java 语言编程的时候，靠垃圾回收机制可大大缩短时间。其次是它保护程序的完整性，垃圾回收是 Java 语言安全性策略的一个重要部分。

垃圾回收的一个潜在的缺点是它的开销影响程序性能。Java 虚拟机必须追踪运行程序中有用的对象，而且最终释放没用的对象。这一个过程需要花费处理器的时间。其次垃圾回收算法的不完备性，早先采用的某些垃圾回收算法就不能保证 100％ 收集到所有的废弃内存。当然随着垃圾回收算法的不断改进以及软硬件运行效率的不断提升，这些问题都可以迎刃而解。

（2）垃圾回收有以下几个特点。

① 垃圾收集发生的不可预知性。由于实现了不同的垃圾回收算法和采用了不同的收集机制，因此它有可能是定时发生，有可能是当出现系统空闲 CPU 资源时发生，也有可能是和原始的垃圾收集一样，等到内存消耗出现极限时发生，这与垃圾收集器的选择和具体的设置都有关系。

② 垃圾收集的精确性。主要包括两个方面：一是垃圾收集器能够精确标记活着的对象；二是垃圾收集器能够精确地定位对象之间的引用关系。前者是完全地回收所有废弃对象的前提，否则就可能造成内存泄漏。而后者则是实现归并和复制等算法的必要条件。所有不可达对象都能够可靠地得到回收，所有对象都能够重新分配，允许对象的复制和对象内存的缩并，这样就有效地防止内存的支离破碎。

③ 现在有许多种不同的垃圾收集器，每种有其算法且其表现各异，既有当垃圾收集开始时就停止应用程序的运行，又有当垃圾收集开始时也允许应用程序的线程运行，还有在同

一时间垃圾收集多线程运行。

④ 垃圾收集的实现和具体的 JVM 以及 JVM 的内存模型有非常紧密的关系。不同的 JVM 可能采用不同的垃圾收集,而 JVM 的内存模型决定着该 JVM 可以采用哪些类型垃圾收集。现在,HotSpot 系列 JVM 中的内存系统都采用先进的面向对象的框架设计,这使得该系列 JVM 都可以采用最先进的垃圾收集。

⑤ 随着技术的发展,现代垃圾收集技术提供许多可选的垃圾收集器,而且在配置每种收集器的时候又可以设置不同的参数,这就使得根据不同的应用环境获得最优的应用性能成为可能。

13. 关于 Java 内存模型,一个对象实例化 100 次,现在内存中的存储状态如何?

答:Java 新建的对象都放在堆里,如果实例化 100 次,堆中产生 100 个对象,一般对象与其属性和方法属于一个整体,但如果属性和方法是静态的,则属性和方法只在内存中存一份。

14. String、StringBuffer 和 StringBuilder 的区别是什么? String 为什么是不可变的?

答:String 是字符串常量,StringBuffer 和 StringBuilder 是字符串变量。StringBuffer 是线程安全的,StringBuilder 是非线程安全的。具体来说 String 是一个不可变的对象,每次修改 String 对象实际上是创建新对象,并将引用指向新对象,效率很低。StringBuffer 是可变的,即每次修改只是针对其本身,大部分情况下比 String 效率高,StringBuffer 保证同步(Synchronized),所以线程安全。StringBuilder 没有实现同步,所以非线程安全。但效率应该比 StringBuffer 高。StringBuffer 使用时最好指定容量,这样会比不指定容量快 30%～40%,甚至比不指定容量的 StringBuilder 还快。

15. Java 中 Error 和 Exception 的区别是什么?

答:Error 类和 Exception 类的父类都是 Throwable 类,区别主要如下。

Error 类一般是指与虚拟机相关的问题,如系统崩溃、虚拟机错误、内存空间不足、方法调用栈溢等。对于这类错误导致的应用程序中断,仅靠程序无法恢复和预防,遇到这样的错误,建议让程序终止。

Exception 类表示程序可以处理的异常,可以捕获这类异常,应该尽可能处理异常,使程序恢复运行,而不应该随意终止异常。

Exception 类又分为运行时异常和受检查的异常。运行时异常,编译能通过但运行就终止了,程序不会处理运行时异常,出现这类异常,程序会终止。而受检查的异常,要么用 try…catch 捕获,要么用 throws 子句声明抛出,交给它的父类处理,否则编译不会通过。

16. 字节流和字符流有什么区别?

答:程序中的输入输出都是以流的形式保存的,流中保存的实际上全都是字节文件。

字符流处理的单元为两个字节的 Unicode 字符,即一个字符占两个字节。

字节流在操作的时候本身是不会用到缓冲区(内存)的,是与文件本身直接操作的,而字符流在操作的时候是使用到缓冲区的。

字节流在操作文件时,即使不关闭资源(close 方法),文件也能输出,但是如果字符流不使用 close 方法,则不会输出任何内容,说明字符流用的是缓冲区,并且可以使用 flush 方法强制进行刷新缓冲区,这时才能在不关闭字符流的情况下输出内容。

字符流是字节流的包装,字符流则是直接接受字符串,它内部将串转成字节,再写入底层设备,这为用户向 IO 设备写入或读取字符串提供了方便。字符向字节转换时,要注意编码的问题,是因为要把字符串转换成字节数组。

17. ＝＝与 equals 有什么区别?

答:＝＝可以判断基本数据类型值是否相等,也可以判断两个对象指向的内存地址是否相同,也就是说判断两个对象是否为同一个对象。equals 通常用来做字符串比较,是比较字符串的内容是否相等,而不是比较字符串的引用是否相同。

18. Java 中 sleep 方法和 wait 方法的区别是什么?

答:虽然二者都是用来暂停当前运行的线程,但是 sleep() 实际上只是短暂停顿,因为它不会释放锁。而 wait() 意味着条件等待,这就是为什么该方法要释放锁,因为只有这样,其他等待的线程才能在满足条件时获取到该锁。

19. 什么是 Java 序列化,如何实现 Java 序列化? 或者解释 Serializable 接口的作用。

答:将一个 Java 对象变成字节流的形式传出去或者从一个字节流中恢复成一个 Java 对象,可以调用 OutputStream 的 writeObject 方法来做,如果要让 Java 帮我们做,要被传输的对象必须实现 Serializable 接口,这样,javac 编译时就会进行特殊处理,编译的类才可以被 writeObject 方法操作,这就是所谓的序列化。

需要被序列化的类必须实现 Serializable 接口,该接口是一个 mini 接口,其中没有需要实现的方法,implements Serializable 只是为了标注该对象是可被序列化的。

例如,在 Web 开发中,如果对象被保存在了 Session 中,Tomcat 在重启时要把 Session 对象序列化到硬盘,这个对象就必须实现 Serializable 接口。

如果对象要经过分布式系统进行网络传输或通过 RMI 等远程调用,这就需要在网络上传输对象,被传输的对象就必须实现 Serializable 接口。

20. int 和 Integer 有何区别?

答:int 是基本类型,直接存数值。Integer 是对象,用一个引用指向这个对象(一个类)。Integer 是一个类,是 int 的扩展,定义了很多的转换方法。

例如:int i＝1;和 Integer i＝new Integer(1);

类似的还有 float Float;double Double 等。

21. 说明 JVM 的作用。

答:JVM 是一个"桥梁",是一个"中间件",是实现跨平台的关键。Java 代码首先被编译成字节码文件,再由 JVM 将字节码文件翻译成机器语言,从而达到运行 Java 程序的目的。JVM 有一个选项,可以将使用最频繁的字节码翻译成机器码并保存,这一过程被称为即时编译,这种方式确实很有效。JVM 自己的命令集,JVM 的命令集则是可以到处运行的,因为 JVM 做了翻译,根据不同的 CPU ,翻译成不同的机器语言。Java 中的所有类必须被装载到 JVM 中才能运行,这个装载工作是由 JVM 中的类装载器完成的,类装载器所做的工作实质是把类文件从硬盘读取到内存中。

22. Java 中的类分为哪几种?

答:系统类、扩展类、由程序员自定义的类。

23. 类装载方式有哪两种?

答:

(1)隐式装载。程序在运行过程中当碰到通过 new 等方式生成对象时,隐式调用类装载器加载对应的类到 JVM 中。

（2）显式装载。通过 class. forName()等方法，显式加载需要的类。

24. Overload 和 Override 的区别是什么？

答：

（1）Override 是指重写，主要符合下列要求。

① 方法名、参数、返回值相同。

② 子类方法不能缩小父类方法的访问权限。

③ 子类方法不能抛出比父类方法更多的异常（但子类方法可以不抛出异常）。

④ 存在于父类和子类之间。

⑤ 方法被定义为 final 不能被重写。

（2）Overload 是指重载，主要符合下列要求。

① 参数类型、个数、顺序至少有一个不相同。

② 不能重载只有返回值不同的方法名。

③ 存在于父类和子类、同类中。

25. String s＝new String("xyz");创建了几个 String Object？

答：该语句创建了两个对象，一个是 String s 对象引用，另一个是"xyz"字符串常量。

26. 怎样实现将 GB2312 编码的字符串转换为 ISO-8859-1 编码的字符串？

答：String str＝new String("字符串". getBytes("GB2312"),"ISO-8859-1");

27. Java 的所有类的根类是什么？

答：java. lang. Object。

28. 构造方法和实例方法的区别是什么？

答：构造方法与实例方法的主要区别在于 3 个方面：修饰符、返回值、方法的命名。

（1）构造方法和实例方法一样，构造方法可以有任何访问的修饰符，public、private、protected 或者没有修饰符，都可以对构造方法进行修饰。不同于实例方法的是构造方法不能有任何非访问性质的修饰符修饰，如 static、final、synchronized、abstract 等都不能修饰构造方法。

（2）返回类型是非常重要的，实例方法可以返回任何类型的值或者是无返回值（void），而构造方法是没有返回类型的，void 也不行。

（3）方法命名就是构造方法与类名相同，实例方法也可以与类名相同，但是习惯上为实例方法命名的时候通常是小写的，另一方面也是与构造方法区分开。

（4）Java 语言中规定每个类至少要有一个构造方法（可以有多个），为了保证这一点，当用户没有给 Java 类定义明确的构造方法的时候，Java 为用户提供了一个默认的构造方法，这个构造方法没有参数，修饰符是 public 并且方法体为空。

29. Java 线程分为哪两种？

答：线程分为守护线程和非守护线程（即用户线程）。只要当前 JVM 实例中尚存在任何一个非守护线程没有结束，守护线程就全部工作；只有当最后一个非守护线程结束时，守护线程随着 JVM 一同结束工作。守护线程最典型的应用就是 GC（垃圾回收器）。

30. Map 与 Set 的本质区别是什么？

答：Set 不能包含重复的元素，最多有一个空值，继承自 Collection 接口，底层是 Map 实现机制。Map 不能包含重复的键,每个键最多对应一个映射的值,不能有空值键。

31. List 和 Set 的本质区别是什么?

答:List 是链表(接口),是可以允许出现重复值的。它的具体实现类为 ArrayList 和 LinkedList。

Set 是集合(接口),不允许出现重复值。它的具体实现类是 HashSet。

32. 如何判断一个线程是否在运行?

答:isAlive()测试线程是否处于活动状态。isInterrupted()测试线程是否已经中断。

33. wait 方法和 notify/notifyAll 方法在放弃对象监视器时有什么区别?

答:wait()方法立即释放对象监视器;notify()/notifyAll()方法则会等待线程剩余代码执行完毕才会放弃对象监视器。

34. Lock 和 synchronized 有什么区别?

答:

(1) Lock 是一个接口,而 synchronized 是 Java 中的关键字,synchronized 是内置的语言实现。

(2) synchronized 在发生异常时,会自动释放线程占有的锁,因此不会导致死锁现象发生;而 Lock 在发生异常时,如果没有主动通过 unLock()去释放锁,则很可能造成死锁现象,因此使用 Lock 时需要在 finally 块中释放锁。

(3) Lock 可以让等待锁的线程响应中断,而 synchronized 却不行,使用 synchronized 时,等待的线程会一直等待下去,不能响应中断。

(4) 通过 Lock 可以知道有没有成功获取锁,而 synchronized 却无法办到。

(5) Lock 可以提高多个线程进行读操作的效率。

(6) 在 JDK1.5 中,synchronized 是性能低效的。因为这是一个重量级操作,它对性能最大的影响是阻塞式的实现,挂起线程和恢复线程的操作都需要转入内核态中完成,这些操作给系统的并发性带来了很大的压力。相比之下使用 Java 提供的 Lock 对象,性能更高一些。

但是,JDK1.6 发生了变化,对 synchronized 加入了很多优化措施,有自适应自旋、锁消除、锁粗化、轻量级锁、偏向锁等,导致在 JDK1.6 上 synchronized 的性能并不比 Lock 差。因此提倡优先考虑使用 synchronized 进行同步。

35. String 是最基本的数据类型吗?

答:String 不是基本数据类型。Java 中的基本数据类型只有 8 个:byte、short、int、long、float、double、char、boolean;除了基本类型(Primitive Type)和枚举类型(Enumeration Type),剩下的都是引用类型(Reference Type)。

36. float f=3.4;是否正确?

答:该语句不正确。3.4 是双精度数,将双精度型(Double)赋值给浮点型(Float)属于下转型(Down-Casting,也称为窄化)会造成精度损失,因此需要强制类型转换 float f=(float)3.4;或者写成 float f=3.4F;。

37. short s1=1; s1=s1 + 1;有错吗? short s1=1; s1 += 1;有错吗?

对于 short s1=1; s1=s1 + 1;由于 1 是 int 类型,因此 s1+1 的运算结果也是 int 型,需要强制转换类型才能赋值给 short 型。

而 short s1＝1；s1＋＝1;可以正确编译,因为 s1＋＝1,相当于 s1＝(short)(s1 ＋ 1),其中有隐含的强制类型转换。

38. Java 有没有 goto?

答：goto 是 Java 中的保留字,在目前版本的 Java 中没有使用[在 James Gosling(Java 之父)编写的 *The Java Programming Language* 一书的附录中给出了一个 Java 关键字列表,其中有 goto 和 const,但是这两个是目前无法使用的关键字,因此有些地方将其称为保留字,其实保留字这个词应该有更广泛的意义,因为熟悉 C 语言的程序员都知道,在系统类库中使用过的有特殊意义的单词或单词的组合都被视为保留字。

39. & 和 && 的区别是什么?

答：& 运算符有两种用法：按位与；逻辑与。

&& 运算符是短路与运算。逻辑与跟短路与的差别是非常大的,虽然二者都要求运算符左右两端的布尔值都是 true,整个表达式的值才是 true。&& 之所以称为短路运算,是因为如果 && 左边的表达式的值是 false,右边的表达式会被直接短路掉,不会进行运算。很多时候可能都需要用 && 而不是 &,例如在验证用户登录时判定用户名不是 null 而且不是空字符串,应当写为：username!＝null &&! username.equals(""),二者的顺序不能交换,更不能用 & 运算符,因为第一个条件如果不成立,根本不能进行字符串的 equals 比较,否则会产生 NullPointerException 异常。注意：逻辑或运算符(|)和短路或运算符(||)的差别也是如此。

40. 解释内存中的栈(Stack)、堆(Heap)和静态区(Static area)的用法。

答：通常定义一个基本数据类型的变量,一个对象的引用,还有函数调用的现场保存都使用内存中的栈空间；而通过 new 关键字和构造器创建的对象放在堆空间；程序中的字面量(Literal)如直接书写的 100、"hello"和常量都是放在静态区中。栈空间操作起来最快但是栈很小,通常大量的对象都是放在堆空间,理论上整个内存没有被其他进程使用的空间甚至硬盘上的虚拟内存都可以被当成堆空间来使用。

```
String str = new String("hello");
```

上面的语句中变量 str 放在栈上,用 new 创建出来的字符串对象放在堆上,而"hello"这个字面量放在静态区。

41. Math.round(11.5)等于多少? Math.round(－11.5)等于多少?

答：Math.round(11.5)的返回值是 12,Math.round(－11.5)的返回值是-11。四舍五入的原理是在参数上加 0.5 然后进行取整。

42. switch 是否能作用在 byte 上,是否能作用在 long 上,是否能作用在 String 上?

答：在 Java 5 以前,switch(expr)中,expr 只能是 byte、short、char、int。从 Java 5 开始,Java 中引入了枚举类型,expr 也可以是 enum 类型；从 Java 7 开始,expr 还可以是字符串(String),但是长整型(Long)在目前所有的版本中都是不可以的。

43. 用最有效率的方法计算 2 乘以 8。

答：2 << 3(左移 3 位相当于乘以 2 的 3 次方,右移 3 位相当于除以 2 的 3 次方)。

44. 数组有没有 length()方法? String 有没有 length()方法?

答：数组没有 length()方法,有 length 的属性。String 有 length()方法。JavaScript 中

获得字符串的长度是通过 length 属性得到的,这一点容易和 Java 混淆。

45．在 Java 中,如何跳出当前的多重嵌套循环?

答:在最外层循环前加一个标记如 A,然后用 break A;可以跳出多重循环(Java 中支持带标签的 break 和 continue 语句,作用类似于 C 和 C++中的 goto 语句,但是就像要避免使用 goto 一样,应该避免使用带标签的 break 和 continue,因为它不会让程序变得更优雅,很多时候甚至有相反的作用)。

46．构造器(Constructor)是否可被重写(Override)?

答:构造器不能被继承,因此不能被重写,但可以被重载。

47．两个对象值相同(x. equals(y)＝＝true),但可有不同的 hash code,这句话对不对?

答:不对,如果两个对象 x 和 y 满足 x. equals(y)＝＝true,它们的哈希码(Hash Code)应当相同。Java 对于 eqauls 方法和 hashCode 方法是这样规定的:(1)如果两个对象相同(equals 方法返回 true),那么它们的 hashCode 值一定要相同;(2)如果两个对象的 hashCode 相同,它们并不一定相同。当然如果违背了上述原则就会发现在使用容器时,相同的对象可以出现在 Set 集合中,同时增加新元素的效率会大大下降(对于使用哈希存储的系统,如果哈希码频繁地冲突将会造成存取性能急剧下降)。

48．是否可以继承 String 类?

答:String 类是 final 类,不可以被继承。

49．当一个对象被当作参数传递到一个方法后,此方法可改变这个对象的属性,并可返回变化后的结果,那么这里到底是值传递还是引用传递?

答:是值传递。Java 语言的方法调用只支持参数的值传递。当一个对象实例作为一个参数被传递到方法中时,参数的值就是对该对象的引用。对象的属性可以在被调用过程中被改变,但对对象引用的改变是不会影响到调用者的。C++和 C♯中可以通过传引用或传输出参数来改变传入的参数的值。

50．描述一下 JVM 加载 class 文件的原理机制。

答:JVM 中类的装载是由类加载器(ClasLoader)和它的子类来实现的,Java 中的类加载器是一个重要的 Java 运行时系统组件,它负责在运行时查找和装入类文件中的类。

由于 Java 的跨平台性,经过编译的 Java 源程序并不是一个可执行程序,而是一个或多个类文件。当 Java 程序需要使用某个类时,JVM 会确保这个类已经被加载、连接(验证、准备和解析)和初始化。类的加载是指把类的. class 文件中的数据读入到内存中,通常是创建一个字节数组读入. class 文件,然后产生与所加载类对应的 Class 对象。加载完成后,Class 对象还不完整,所以此时的类还不可用。当类被加载后就进入连接阶段,这一阶段包括验证、准备(为静态变量分配内存并设置默认的初始值)和解析(将符号引用替换为直接引用)3 个步骤。最后 JVM 对类进行初始化,包括:①如果类存在直接的父类并且这个类还没有被初始化,那么就先初始化父类;②如果类中存在初始化语句,就依次执行这些初始化语句。

51．JDK 是什么? JRE 是什么?

答:JDK 是 Java 开发工具包,JRE 是 Java 运行时环境。

52．什么是 Java 的平台无关性?

答:Java 源文件被编译成字节码的形式,无论在什么系统环境下,只要有 Java 虚拟机就能运行这个字节码文件。也就是一处编写,处处均可运行,这就是 Java 的跨平台性。

53. 在一台计算机中配置 Java 环境, path 起什么作用? 如何配置?

答: path 的作用是在 DOS 环境下,能在任意位置使用 JDK 目录中 bin 文件夹中的可执行程序,来编译执行 java 程序。在环境变量中找到 path 变量, 把 bin 文件夹的绝对路径加上即可。

54. 什么样的标识符是合法的?

答: 标识符由字母、数字、_和 $ 组成, 长度不限。其中字母可以是大写或小写的英文字母, 数字为 0~9。标识符的第一个字符不能是数字。标识符区分大小写。标识符不能包含空格。

55. Java 有几种基本数据类型?

答: Java 的基本数据类型包括 byte、short、int、long、char、boolean、float、double 几种。

56. 什么是隐式类型转换? 什么是显式类型转换?

答: 当将占位数少的类型赋值给占位数多的类型时, Java 自动使用隐式类型转换。当把级别高的变量的值赋给级别低的变量时, 必须使用显式类型转换运算。

57. && 和 & 的区别, || 和 | 的区别是什么?

答: && 和 || 是逻辑与和逻辑或, 当左边的表达式能判断当前结果, 则不判断右边的表达式。而 & 和 | 则将两边的表达式都运算完毕后, 再算结果。

58. break 和 continue 的区别是什么?

答: break 结束最近的一个循环, continue 结束当次循环, 进入下次循环。

59. 类的命名规则是什么?

答: 如果类名使用拉丁字母, 那么名称的首写字母使用大写字母。类名最好见名得意, 当类名由几个单词复合而成时, 每个单词的首写字母使用大写。

60. 类体的内容由两部分构成, 是哪两部分?

答: 一部分是变量的定义, 用来刻画属性。另一部分是方法的定义, 用来刻画功能。

61. 解释什么是类的成员变量、局部变量、实例成员变量、类成员变量。

答: 变量定义部分所定义的变量被称为类的成员变量。在方法体中定义的变量和方法的参数被称为局部变量。成员变量又分为实例成员变量和类成员变量(static 修饰)。

62. 简述 this 关键字的用法。

答: this 关键字使用在实例方法中, 代表调用该方法的当前对象。

63. 如何确定方法的返回类型?

答: 方法返回的值的类型就是方法的返回类型, 如果无返回值, 则返回类型为 void。

64. 返回值为 void 的方法, 可否有 return?

答: 可以。但 return 后没有任何值。

65. 解释什么是类方法, 什么是实例方法。

答: static 修饰的方法是类方法, 无 static 修饰的方法是实例方法。

66. 简述方法和变量的命名规则。

答: 首写字母使用小写, 如果由多个单词组成, 从第二个单词开始首字母使用大写。

67. 什么是方法重载?

答: 方法重载是指一个类中可以有多个方法具有相同的名称, 但这些方法的参数必须不同, 即或者是参数的个数不同, 或者是参数的类型不同。

68. 什么是构造方法？

答：构造方法是一种特殊方法，它的名称必须与它所在的类的名称完全相同，并且不返回任何数据类型。

69. 如何创建一个对象？

答：使用 new 运算符和类的构造方法为对象分配内存，如果类中没有构造方法，系统会调用默认的构造方法。

70. 系统什么情况下会为类提供构造方法，提供什么样的构造方法？

答：如果类中没有构造方法，系统会提供一个默认的构造方法，默认的构造方法是无参的。

71. 对象如何调用自己的成员变量和方法？

答：使用运算符"."来调用自己的成员变量和方法。

72. 为什么可以直接用类名来访问类成员变量和类方法？

答：因为当类被加载到虚拟机的时候，类成员变量就被分配内存，类方法被分配入口地址，所以不用创建对象，可以直接通过类名调用。

73. 类变量有什么特点？

答：一个类的所有对象共享同一个类变量。

74. 类方法有什么特点？

答：类方法只能调用类变量和类方法。（同一类中）

75. package 关键字有什么作用，使用中注意什么问题？

答：package 指定一个类所在的包，该语句为源代码第一行。

76. import 关键字有什么作用？

答：引入程序中所用到的类。

77. 类有几种访问权限？变量和方法有几种访问权限？分别是什么？

答：类有两种访问权限：public，默认的。方法和变量的访问权限：public、protected，默认的和 private。

78. 简述 Java 的访问权限。

答：public：公有的，任何类都可以访问。protected：受保护的，同一个包的类可以访问。不同包的子类可以访问。默认的：同一个包的类可以访问。private：私有的，在同一个类中才能访问。

79. 子类能继承父类的哪些变量和方法？

答：如果子类和父类在同一个包中，那么，子类自然地继承了其父类中不是 private 的成员变量作为自己的成员变量，并且也自然地继承了父类中不是 private 的方法作为自己的方法。

如果子类和父类不在同一个包中，则子类继承父类的 protected 和 public 成员变量作为子类的成员变量，并且继承父类的 protected 和 public 方法作为子类的方法。

80. 子类重写父类的方法，可否降低访问权限？

答：不可以降低。

81. final 关键字可以用来修饰什么？分别起什么作用？

答：

（1）final 可以修饰类，这样的类不能被继承。

（2）final 可以修饰方法,这样的方法不能被重写。

（3）final 可以修饰变量,这样的变量的值不能被修改,是常量。

82. 简述 super 关键字的作用。

答:

（1）使用 super 调用父类的构造方法。

（2）使用 super 操作被隐藏的成员变量和方法。

83. 简述什么是对象上转型。

答:假设 A 类是 B 类的父类,当用子类创建一个对象,并把这个对象的引用放到父类的对象中时,称这个父类对象是子类对象的上转型对象。

84. 上转型对象可以操作什么? 不可以操作什么?

答:上转对象不能操作子类新增的成员变量,失掉了这部分属性,不能使用子类新增的方法,失掉了一些功能。上转型对象可以操作子类继承或重写的成员变量,也可以使用子类继承的或重写的方法。

85. 什么是抽象类? 什么是抽象方法? 有什么特点?

答:用关键字 abstract 修饰类称为抽象类,abstract 类不能用 new 运算创建对象,必须产生其子类,由子类创建对象。用关键字 abstract 修饰方法称为抽象方法,abstract 方法只允许声明,而不允许实现。

86. 一个类声明实现一个接口,那么这个类需要做什么工作?

答:实现接口中所有的方法,并且这些方法的访问权限必须是 public。

87. 简述什么是数组。

答:数组是相同类型的数据按顺序组成的一种复合数据类型。通过数组名加数组下标,来使用数组中的数据。下标从 0 开始排序。

88. 创建数组是否需要指定数组长度,如何求数组长度?

答:必须指定数组长度,数组调用.length 来获取数组长度。

89. 字符串如何转化为 int 型、double 型?

答:转换方法有以下两种。

（1）Integer. parseInt("1");

（2）Double. parseDouble("25.45");

90. 简述 StringTokenizer 的作用。

答:按照指定的分隔符,将字符串解析成若干语言符号。

91. 如何判断一个字符是不是数字,是不是大写?

答:

（1）Character. isDigit('a')

（2）Character. isUpperCase('U')

92. 已知一个 java. util. Date 对象,如何格式化成如下格式 YYYY-MM-dd hh:mm:ss?

答:SimpleDateFormat formate＝new SimpleDateFormat("yyyy-MM-dd HH:mm:ss");

formate. format(new Date());

93. 如何生成一个 0～100 的随机整数?

答:(int)(Math. random() * 100)

94. 简述 Java 异常处理的机制。

答：当所调用的方法出现异常时，调用者可以捕获异常使之得到处理；也可以回避异常。

95. 简述关键字 **try**、**catch**、**throw**、**throws**、**finally** 的用途。

答：

（1）try：保护代码，如果 try 中某行代码出现异常，则 try 中代码不再继续执行。

（2）catch：捕获异常，当 try 中出现异常，则 catch 负责捕获异常并处理。

（3）throw：抛出异常。

（4）throws：声明异常。

（5）finally：无论 try 中是否出现异常，finally 一定执行。

96. **LinkedList** 和 **ArrayList** 的区别是什么？

答：

（1）LinkedList 底层通过链式存储结构实现。

（2）ArrayList 底层通过数组实现。

97. 什么是 **I/O 流**，有什么作用？

答：指数据输入输出的流，I/O 流提供一条通道程序，可以使用这条通道把源中的字节序列送给目的地。

98. 如何查看一个文件的大小、绝对路径，是否可读？

答：

```
File file = new File("e://a.txt");
file.length();
file.getAbsolutePath();
file.canRead();
```

99. 已知如下代码：

```
File f = new File("myfile.dat");
FileInputStream istream = new FileInputStream(f);
```

如何从流中读取数据？

答：

```
byte[] buff = new byte[100];
istream.read(buff);
```

100. 实现多线程的两种方法是什么？

答：

（1）从 java.lang.Thread 类派生一个新的线程类，重写它的 run()方法。

（2）实现 Runnable 接口，重写 Runable 接口中的 run()方法。

101. 简述一个线程的生命周期。

答：新建—运行—中断—死亡

102. 如何让一个准备就绪的线程运行？

答：调用线程的 start 方法让一个处于准备就绪状态的线程运行。

103. 如何让一个线程休眠 1000 毫秒？

答：调用线程的 sleep 方法，参数为 1000。

104. 如何使线程同步？

答：

(1) 使用同步方法 synchronized void methodA() { }

(2) 使用同步块 synchronized(object) {

　　//要同步的语句

　　}

105. 什么是 GC？为什么有 GC？

答：GC 是垃圾收集器。Java 程序员不用担心内存管理，因为垃圾收集器会自动进行管理。

106. 构造方法能否被重写？为什么？

答：不能，因为构造方法不能被继承，所以不能重写。

107. 是否可以继承 String 类，为什么？

答：因为 String 类是 final 类，final 修饰的类不能被继承。

108. Java 关键字区分大小写吗？

答：Java 关键字一律小写。所以无所谓区分大小写，大写的不是关键字。

109. Java 采用什么字符集？该字符集有多少字符？

答：Java 使用 Unicode 字符集，所以常量共有 65 535 个。

110. 列举算术运算符。

答：+，−，*，/，%。

111. 算术混合运算结果精度如何确定？

答：Java 按照运算符两边的操作元的最高精度保留结果的精度。

112. & 是位运算符，与运算的规则是什么？

答：全 1 则 1，否则为 0。

113. | 是位运算符，或运算的规则是什么？

答：全 0 则 0，否则是 1。

114. ^ 是位运算符，异或运算的规则是什么？

答：相同 0，不同 1。

115. ~ 是位运算符，非运算的规则是什么？

答：遇 1 则 0，遇 0 则 1。

116. if 语句后边有个括号，该括号中的表达式是什么类型？

答：boolean 类型。

117. switch 语句后括号中的表达式是什么类型？case 后类型如何确定？

答：

(1) char、int、byte、short、枚举类型。

(2) case 后面是一个常量，该常量类型由 switch 后括号内的表达式来确定。

118. switch 语句后, default 关键字起什么作用? break 起什么作用?

答:

(1) default: 当用户指定的表达式与任何 case 都不匹配的时候, 执行 default 后的语句。

(2) break: 退出当前 case。

119. for 循环后括号中的 3 个表达式分别起什么作用?

答:

(1) 循环初始化的时候执行, 只执行一次。

(2) 循环成立的条件。

(3) 循环每次执行都会调用该表达式, 一般做变量自增。

120. while 和 do…while 的区别是什么?

答:

(1) while 先判断条件, 再执行。

(2) do…while 先执行, 再判断条件, 至少执行一次循环体内的语句。

121. 什么是编译执行的语言? 什么是解释执行的语言?

答: 编译方式是针对当前的机器处理器芯片, 将源程序全部翻译成机器指令, 称为目标程序, 再将目标程序交给计算机执行。解释方式不产生整个的目标程序, 而是根据当前的机器处理器芯片, 边翻译边执行, 翻译一句执行一句。

122. 简述一个 Java 程序执行的过程。

答: 首先编写 Java 源文件(扩展名为.java 的文本文档), 再用 javac 命令把源文件编译成字节码文件(.class 文件), 最后用 java 命令执行字节码文件。

123. 简述成员变量的作用范围和局部变量的作用范围。

答: 成员变量在整个类内都有效; 局部变量只在定义它的类内有效。

124. 构造方法有什么作用?

答: 在创建对象的时候, java 虚拟机会调用类的构造方法来创建对象。一般对象的初始化工作可以放在构造方法中。

125. Java 的三大特性是什么?

答: 封装、继承、多态。

126. 什么是封装?

答: 封装给对象提供了隐藏内部特性和行为的能力。对象提供一些能被其他对象访问的方法来改变它内部的数据。在 Java 中, 有 3 种修饰符: public、private 和 protected。每一种修饰符给其他的位于同一个包或者不同包下面的对象赋予了不同的访问权限。

下面列出了使用封装的一些好处。

(1) 通过隐藏对象的属性来保护对象内部的状态。

(2) 提高了代码的可用性和可维护性, 因为对象的行为可以被单独地改变或者扩展。

(3) 禁止对象之间的不良交互, 提高模块化。

127. 什么是多态?

答: 多态是编程语言给不同的底层数据类型做相同的接口展示的一种能力。一个多态类型上的操作可以应用到其他类型的值上面。

128. 什么是继承？

答：继承给对象提供了从基类获取字段和方法的能力。继承提高了代码的重用性，也可以在不修改类的情况下，给现存的类添加新特性。

129. 什么是抽象？

答：抽象是把想法从具体的实例中分离出来的步骤，因此，要根据它们的功能而不是实现细节来创建类。Java 支持创建只提供接口而不包含方法实现的抽象类。这种抽象技术的主要目的是把类的行为和实现细节分离开。

130. 抽象和封装的不同点是什么？

答：抽象和封装是互补的概念。一方面，抽象关注对象的行为。另一方面，封装关注对象行为的细节。一般是通过隐藏对象内部状态信息做到封装，因此，封装可以看成是用来提供抽象的一种策略。

131. 什么是 Java 虚拟机？为什么 Java 被称作是"平台无关的编程语言"？

答：Java 虚拟机是一个可以执行 Java 字节码的虚拟机进程。Java 源文件被编译成能被 Java 虚拟机执行的字节码文件。

Java 被设计成允许应用程序可以运行在任意的平台，而不需要程序员为每一个平台单独重写或者重新编译。Java 虚拟机让这个变为可能，因为它知道底层硬件平台的指令长度和其他特性。

132. JDK 和 JRE 的区别是什么？

答：Java 运行时环境（JRE）是将要执行 Java 程序的 Java 虚拟机。它同时也包含了执行 applet 需要的浏览器插件。Java 开发工具包（JDK）是完整的 Java 软件开发包，包含了 JRE，编译器和其他的工具（如 JavaDoc、Java 调试器），可以让开发者开发、编译、执行 Java 应用程序。

133. static 关键字是什么意思？Java 中是否可以覆盖（Override）一个 private 或者 static 的方法？

答：static 关键字表明一个成员变量或者成员方法可以在没有所属的类的实例变量的情况下被访问。Java 中 static 方法不能被覆盖，因为方法覆盖是基于运行时动态绑定的，而 static 方法是编译时静态绑定的。static 方法跟类的任何实例都不相关，所以概念上不适用。

134. 是否可以在 static 环境中访问非 static 变量？

答：static 变量在 Java 中是属于类的，它在所有的实例中的值是一样的。当类被 Java 虚拟机载入的时候，会对 static 变量进行初始化。如果代码尝试不用实例来访问非 static 的变量，编译器会报错，因为这些变量还没有被创建出来，还没有跟任何实例关联上。

135. Java 支持的数据类型有哪些？什么是自动拆装箱？

答：Java 语言支持的 8 种基本数据类型是 byte、short、int、long、float、double、boolean、char。自动装箱是 Java 编译器在基本数据类型和对应的对象包装类型之间做的一个转化。例如，把 int 转化成 Integer、double 转化成 Double 等。反之就是自动拆箱。

136. Java 中的方法覆盖（Overriding）和方法重载（Overloading）是什么意思？

答：Java 中的方法重载发生在同一个类中两个或者多个方法的方法名相同但是参数不同的情况。与此相对，方法覆盖是指子类重新定义了父类的方法。方法覆盖必须有相同的方法名、参数列表和返回类型。覆盖者可能不会限制它所覆盖的方法的访问。

137. Java 中什么是构造函数？什么是构造函数重载？什么是复制构造函数？

答：当新对象被创建的时候，构造函数会被调用。每一个类都有构造函数。在程序员没有给类提供构造函数的情况下，Java 编译器会为这个类创建一个默认的构造函数。

Java 中构造函数重载和方法重载很相似。可以为一个类创建多个构造函数。每一个构造函数必须有它自己唯一的参数列表。

Java 不支持像 C++ 中那样的复制构造函数，这个不同点是因为如果用户不自己写构造函数的情况下，Java 不会创建默认的复制构造函数。

138. Java 支持多继承吗？

答：Java 不支持多继承。每个类都只能继承一个类，但是可以实现多个接口。

139. 接口和抽象类的区别是什么？

答：Java 提供和支持创建抽象类和接口。它们的实现有共同点，不同点有以下几点。

（1）接口中所有的方法隐含的都是抽象的。而抽象类则可以同时包含抽象和非抽象的方法。

（2）类可以实现多个接口，但是只能继承一个抽象类。

（3）类如果要实现一个接口，它必须要实现接口声明的所有方法。但是，类可以不实现抽象类声明的所有方法，当然，在这种情况下，类也必须得声明成是抽象的。

（4）抽象类可以在不提供接口方法实现的情况下实现接口。

（5）Java 接口中声明的变量默认都是 final 的。抽象类可以包含非 final 的变量。

（6）Java 接口中的成员函数默认是 public 的。抽象类的成员函数可以是 private、protected 或者 public。

（7）接口是绝对抽象的，不可以被实例化。抽象类也不可以被实例化，但是，如果它包含 main 方法是可以被调用的。

140. Java 集合类框架的基本接口有哪些？

答：Java 集合类提供了一套设计良好的支持对一组对象进行操作的接口和类。Java 集合类中最基本的接口如下。

（1）Collection：代表一组对象，每一个对象都是它的子元素。

（2）Set：不包含重复元素的 Collection。

（3）List：有顺序的 Collection，并且可以包含重复元素。

（4）Map：可以把键（Key）映射到值（Value）的对象，键不能重复。

141. 为什么集合类没有实现 Cloneable 和 Serializable 接口？

答：集合类接口指定了一组称为元素的对象。集合类接口的每一种具体的实现类都可以选择以它自己的方式对元素进行保存和排序。有的集合类允许重复的键，有些不允许。

142. 什么是迭代器（Iterator）？

答：Iterator 接口提供了很多对集合元素进行迭代的方法。每一个集合类都包含了可以返回迭代器实例的迭代方法。迭代器可以在迭代的过程中删除底层集合的元素。

克隆（Cloning）或者是序列化（Serialization）的语义和含义是跟具体的实现相关的。因此，应该由集合类的具体实现来决定如何被克隆或者序列化。

143. Iterator 和 ListIterator 的区别是什么？

答：

（1）Iterator 可用来遍历 Set 和 List 集合，但是 ListIterator 只能用来遍历 List。

（2）Iterator 对集合只能是前向遍历，ListIterator 既可以前向也可以后向。

（3）ListIterator 实现了 Iterator 接口，并包含其他的功能，如增加元素、替换元素、获取前一个和后一个元素的索引等。

144. Java 中 HashMap 的工作原理是什么？

答：Java 中 HashMap 是以键值对（key-value）的形式存储元素的。HashMap 需要一个 hash 函数，它使用 hashCode() 和 equals() 方法来向集合添加元素或从集合检索元素。当调用 put() 方法的时候，HashMap 会计算 key 的 hash 值，然后把键值对存储在集合中合适的索引上。如果 key 已经存在了，value 会被更新成新值。HashMap 的一些重要的特性是它的容量（Capacity）、负载因子（Load Factor）和扩容极限（Threshold Resizing）。

145. hashCode() 和 equals() 方法的重要性体现在什么地方？

答：Java 中的 HashMap 使用 hashCode() 和 equals() 方法来确定键值对的索引，当根据键获取值的时候也会用到这两个方法。如果没有正确地实现这两个方法，两个不同的键可能会有相同的 hash 值，因此，可能会被集合认为是相等的。而且，这两个方法也用来发现重复元素。所以这两个方法的实现对 HashMap 的精确性和正确性是至关重要的。

146. HashMap 和 Hashtable 有什么区别？

HashMap 和 Hashtable 都实现了 Map 接口，因此很多特性非常相似。不同点有以下几点。

（1）HashMap 允许键和值是 null，而 Hashtable 不允许键或值是 null。

（2）Hashtable 是同步的，而 HashMap 不是。因此，HashMap 更适合于单线程环境，而 Hashtable 适合于多线程环境。

（3）HashMap 提供了可供应用迭代的键的集合，因此，HashMap 是快速失败的。另一方面，Hashtable 提供了对键的列举（Enumeration）。

（4）一般认为 Hashtable 是一个遗留的类。

147. 数组（Array）和列表（ArrayList）有什么区别？什么时候应该使用 Array 而不是 ArrayList？

答：下面列出了 Array 和 ArrayList 的不同点。

（1）Array 可以包含基本类型和对象类型，ArrayList 只能包含对象类型。

（2）Array 的大小是固定的，ArrayList 的大小是动态变化的。

（3）ArrayList 提供了更多的方法和特性，如 addAll()、removeAll()、iterator() 等。

对于基本类型数据，集合使用自动装箱来减少编码工作量。但是，当处理固定大小的基本数据类型的时候，这种方式相对比较慢。

148. ArrayList 和 LinkedList 有什么区别？

答：ArrayList 和 LinkedList 都实现了 List 接口，具有以下不同点。

（1）ArrayList 是基于索引的数据接口，它的底层是数组。它可以以 O(1) 时间复杂度对元素进行随机访问。与此对应，LinkedList 是以元素列表的形式存储它的数据，每一个元素都和它的前一个和后一个元素链接在一起，在这种情况下，查找某个元素的时间复杂度是 O(n)。

（2）相对于 ArrayList，LinkedList 的插入、添加、删除操作速度更快，因为当元素被添加到集合任意位置的时候，不需要像数组那样重新计算大小或者更新索引。

（3）LinkedList 比 ArrayList 更占内存，因为 LinkedList 为每一个节点存储了两个引用，一个指向前一个元素，一个指向下一个元素。

149. Comparable 和 Comparator 接口是干什么的？列出它们的区别。

答：Java 提供了只包含一个 compareTo()方法的 Comparable 接口。这个方法可以给两个对象排序。具体来说，它返回负数，0，正数来表明输入对象小于、等于、大于已经存在的对象。

Java 提供了包含 compare()和 equals()两个方法的 Comparator 接口。compare()方法用来给两个输入参数排序，返回负数，0、正数表明第一个参数小于、等于、大于第二个参数。equals()方法需要一个对象作为参数，它用来决定输入参数是否和 comparator 相等。只有当输入参数也是一个 comparator 并且输入参数和当前 comparator 的排序结果是相同的时候，这个方法才返回 true。

150. 什么是 Java 优先级队列（Priority Queue）？

答：Priority Queue 是一个基于优先级堆的无界队列，它的元素是按照自然顺序（Natural Order）排序的。在创建的时候，可以给它提供一个负责给元素排序的比较器。Priority Queue 不允许 null 值，因为它们没有自然顺序，或者说它们没有任何的相关联的比较器。最后，Priority Queue 不是线程安全的，入队和出队的时间复杂度是 O(log(n))。

151. Enumeration 接口和 Iterator 接口的区别有哪些？

答：Enumeration 速度是 Iterator 的两倍，同时占用更少的内存。但是，Iterator 远比Enumeration 安全，因为其他线程不能修改正在被 iterator 遍历的集合中的对象。同时，Iterator 允许调用者删除底层集合中的元素，这对 Enumeration 来说是不可能的。

152. HashSet 和 TreeSet 有什么区别？

答：HashSet 是由一个 hash 表来实现的，因此，它的元素是无序的。add()、remove()、contains()方法的时间复杂度是 O(1)。

另一方面，TreeSet 是由一个树形的结构来实现的，它里面的元素是有序的。因此，add()、remove()、contains()方法的时间复杂度是 O(logn)。

153. Java 中垃圾回收有什么目的？什么时候进行垃圾回收？

答：垃圾回收的目的是识别并且丢弃应用不再使用的对象来释放和重用资源。

154. 用 System. gc()和 Runtime. gc()来做什么？

答：这两个方法用来提示 JVM 要进行垃圾回收。但是，立即开始还是延迟进行垃圾回收是取决于 JVM 的。

155. finalize()方法什么时候被调用？

答：在释放对象占用的内存之前，垃圾收集器会调用对象的 finalize()方法。一般建议在该方法中释放对象持有的资源。

156. 如果对象的引用被置为 null，垃圾收集器是否会立即释放对象占用的内存？

答：不会，在下一个垃圾回收周期中，这个对象将是可被回收的。

157. Java 堆的结构是什么样子的？什么是堆中的永久代(Perm Gen Space)？

答：JVM 的堆是运行时数据区，所有类的实例和数组都是在堆上分配内存。它在 JVM 启动的时候被创建。对象所占的堆内存由自动内存管理系统也就是垃圾收集器回收。

堆内存是由存活和死亡的对象组成的。存活的对象是应用可以访问的，不会被垃圾回收。死亡的对象是应用不可访问尚且还没有被垃圾收集器回收掉的对象。一直到垃圾收集器把这些对象回收掉之前，它们会一直占据堆内存空间。

158. 串行(Serial)收集器和吞吐量(Throughput)收集器的区别是什么？

答：吞吐量收集器使用并行版本的新生代垃圾收集器，它用于中等规模和大规模数据的应用程序。而串行收集器对大多数的小应用(在现代处理器上需要 100M 左右的内存)就足够了。

159. 在 Java 中对象什么时候可以被垃圾回收？

答：当对象对当前使用这个对象的应用程序变得不可触及的时候，这个对象就可以被回收了。

160. 如果 main 方法被声明为 private 会怎样？

答：能正常编译，但运行的时候会提示"main 方法不是 public 的"。

161. Java 中的传引用和传值的区别是什么？

答：传引用是指传递的是地址而不是值本身，传值则是传递值的一份拷贝。

162. 如果要重写一个对象的 equals 方法，还要考虑什么？

答：hashCode。

163. Java 的"一次编写，处处运行"是如何实现的？

答：Java 程序会被编译成字节码组成的 class 文件，这些字节码可以运行在任何平台，因此 Java 是平台独立的。

164. 说明一下 public static void main(String args[])这段声明里每个关键字的作用。

答：public：main 方法是 Java 程序运行时调用的第一个方法，因此它必须对 Java 环境可见。所以可见性设置为 pulic。

static：Java 平台调用这个方法时不会创建这个类的一个实例，因此这个方法必须声明为 static。

void：main 方法没有返回值。

String：命令行传进参数的类型。

args[]：指命令行传进的字符串数组。

165. Java 是如何处理整型的溢出和下溢的？

答：Java 根据类型的大小，将计算结果中的对应低阶字节存储到对应的值中。

166. Java 的类型转换是什么？

答：从一个数据类型转换成另一个数据类型称为类型转换。Java 有两种类型转换的方式，一个是显式的类型转换，一个是隐式的。

167. main 方法的参数中，字符串数组的第一个参数是什么？

答：数组是空的，没有任何元素。不像 C 或者 C++，第一个元素默认是程序名。如果命令行没有提供任何参数，main 方法中的 String 数组为空，但不是 null。

168. 怎么判断数组是 null 还是为空？

答：输出 array.length 的值，如果是 0，说明数组为空。如果是 null，会抛出空指针异常。

169. 程序中可以允许多个类同时拥有 main 方法吗？

答：可以。当程序运行的时候，程序员会指定运行的类名。JVM 只会在指定的类中查找 main 方法。因此多个类拥有 main 方法并不存在命名冲突的问题。

170. 静态变量在什么时候加载，编译期还是运行期？静态代码块加载的时机是什么时候？

答：当类加载器将类加载到 JVM 中的时候就会创建静态变量，这跟对象是否创建无关。静态变量加载的时候就会分配内存空间。静态代码块的代码只会在类第一次初始化的时候执行一次。一个类可以有多个静态代码块，它并不是类的成员，也没有返回值，并且不能直接调用。静态代码块不能包含 this 或 super，它们通常被用作初始化静态变量。

171. 一个类能拥有多个 main 方法吗？

答：可以，但只能有一个 main 方法拥有以下签名。

```
public static void main(String[ ] args) { }
```

否则程序将无法通过编译。编译器会警告 main 方法已经存在。

172. 简述 JVM 是如何工作的。

答：JVM 是一台抽象的计算机，就像真实的计算机那样，它们会先将 .java 文件编译成 .class 文件（.class 文件就是字节码文件），然后用它的解释器来加载字节码。

173. 如何原地交换两个变量的值？

答：先把两个值相加赋值给第一个变量，然后用得到的结果减去第二个变量，赋值给第二个变量。再用第一个变量减去第二个变量，同时赋值给第一个变量。代码如下。

```
int a = 5, b = 10; a = a + b; b = a - b; a = a - b;
```

使用异或操作也可以交换。第一个方法还可能会引起溢出。异或的方法如下。

```
int a = 5, b = 10; a = a + b; b = a - b; a = a - b;
int a = 5; int b = 10;
a = a ^ b;
b = a ^ b;
a = a ^ b;
```

174. 什么是数据的封装？

答：数据封装的一种方式是在类中创建 set 和 get 方法来访问对象的数据变量。一般来说变量是 private 的，而 get 和 set 方法是 public 的。封装还可以用来在存储数据时进行数据验证，或者对数据进行计算，或者用作自省（如在 struts 中使用 javabean）。把数据和功能封装到一个独立的结构中称为数据封装。封装其实就是把数据和关联的操作方法封装到一个独立的单元中，这样使用关联的这些方法才能对数据进行访问操作。封装提供的是数据安全性，它其实就是一种隐藏数据的方式。

175. 什么是反射 API？它是如何实现的？

答：反射是指在运行时能查看一个类的状态及特征，并能进行动态管理的功能。这些功能是通过一些内建类的反射 API 提供的，如 Class、Method、Field、Constructors 等。使用的例子：使用 Java 反射 API 的 getName 方法可以获取到类名。

176. JVM 自身会维护缓存吗，是不是在堆中进行对象分配，操作系统的堆还是 JVM 自己管理的堆？为什么？

答：是的，JVM 自身会管理缓存，它在堆中创建对象，然后在栈中引用这些对象。

177. 虚拟内存是什么？

答：虚拟内存又称为延伸内存，实际上并不存在真实的物理内存，是用硬盘空间经过页面调度算法实现的模拟内存空间的使用。

178. 方法可以同时既是 static 又是 synchronized 的吗？

答：可以。如果这样做的话，JVM 会获取与这个对象关联的 java.lang.Class 实例上的锁。这样做等于：

```
synchronized(XYZ.class) { }
```

179. String 和 StringTokenizer 的区别是什么？

答：StringTokenizer 是一个用来分隔字符串的工具类。

```
StringTokenizer st = new StringTokenizer("Hello World");
while (st.hasMoreTokens()) {
    System.out.println(st.nextToken());
}
```

180. 运行时异常与一般异常有何异同？

答：Java 提供了两类主要的异常：runtime exception 和 checked exception。checked 异常也就是程序员经常遇到的 IO 异常与 SQL 异常。对于这种异常，Java 编译器强制要求程序员必须对出现的这些异常进行 catch。所以面对这种异常只能自己写一大堆 catch 块去处理可能的异常。

181. 静态变量和实例变量的区别是什么？

答：在语法定义上的区别：静态变量前要加 static 关键字，而实例变量前则不加。

在程序运行时的区别：实例变量属于某个对象的属性，必须创建了实例对象，其中的实例变量才会被分配空间，才能使用这个实例变量。静态变量不属于某个实例对象，而是属于类，所以也称为类变量，只要程序加载了类的字节码，不用创建任何实例对象，静态变量就会被分配空间，静态变量就可以被使用了。总之，实例变量必须创建对象后才可以通过这个对象来使用，静态变量则可以直接使用类名来引用。

182. 是否可以从一个 static 方法内部发出对非 static 方法的调用？

答：不可以。因为非 static 方法是要与对象关联在一起的，必须创建一个对象后，才可以在该对象上进行方法调用，而 static 方法调用时不需要创建对象，可以直接调用。也就是说，当一个 static 方法被调用时，可能还没有创建任何实例对象，如果从一个 static 方法中发出对非 static 方法的调用,那个非 static 方法是关联到哪个对象上的呢? 这个逻辑无法成立,所以,一个 static 方法内部不能发出对非 static 方法的调用。

183. Integer 与 int 的区别是什么?

答: int 是 Java 提供的 8 种原始数据类型之一。Java 为每个原始类型提供了封装类,Integer 是 Java 为 int 提供的封装类。int 的默认值为 0,而 Integer 的默认值为 null,即 Integer 可以区分出未赋值和值为 0 的区别,int 则无法表达出未赋值的情况,例如,要想表达出没有参加考试和考试成绩为 0 的区别,则只能使用 Integer。在 JSP 开发中,Integer 的默认值为 null,所以用 el 表达式在文本框中显示时,值为空白字符串,而 int 的默认值为 0,所以用 el 表达式在文本框中显示时,结果为 0,因此,int 不适合作为 Web 层的表单数据的类型。

184. 如何在两个线程间共享数据?

答: 可以通过共享对象来实现这个目的,或者是使用像阻塞队列这样并发的数据结构。例如,用 wait 和 notify 方法实现了生产者消费者模型。

185. 写 clone( )方法时,通常都有一行代码,是什么?

答: clone 有默认行为:

```
super.clone();
```

因为首先要把父类中的成员复制到位,然后才是复制自己的成员。

186. Java 中实现多态的机制是什么?

答: 靠的是父类或接口定义的引用变量可以指向子类或具体实现类的实例对象,而程序调用的方法在运行期才动态绑定,就是引用变量所指向的具体实例对象的方法,也就是内存中正在运行的那个对象的方法,而不是引用变量的类型中定义的方法。

187. abstract class 和 interface 有什么区别?

答: 含有 abstract 修饰符的 class 即为抽象类,abstract 类不能创建实例对象。含有 abstract 方法的类必须定义为 abstract class 类,即为抽象类,abstract class 类中的方法不必是抽象的。abstract class 类中定义抽象方法必须在具体(Concrete)子类中实现,所以,不能有抽象构造方法或抽象静态方法。如果子类没有实现抽象父类中的所有抽象方法,那么子类也必须定义为 abstract 类型。接口(Interface)可以说成是抽象类的一种特例,接口中的所有方法都必须是抽象的。接口中的方法定义默认为 public abstract 类型,接口中的成员变量类型默认为 public static final。

两者的语法区别如下。

(1) 抽象类可以有构造方法,接口中不能有构造方法。

(2) 抽象类中可以有普通成员变量,接口中没有普通成员变量。

(3) 抽象类中可以包含非抽象的普通方法,接口中的所有方法必须都是抽象的,不能有非抽象的普通方法。

(4) 抽象类中的抽象方法的访问类型可以是 public、protected 和默认类型,但接口中的抽象方法只能是 public 类型的,并且默认即为 public abstract 类型。

（5）抽象类中可以包含静态方法，接口中不能包含静态方法。

（6）抽象类和接口中都可以包含静态成员变量，抽象类中的静态成员变量的访问类型可以任意，但接口中定义的变量只能是 public static final 类型，并且默认即为 public static final 类型。

（7）一个类可以实现多个接口，但只能继承一个抽象类。

两者在应用上的区别如下。

接口更多的是在系统架构方面发挥作用，主要用于定义模块之间的通信契约。而抽象类在代码实现方面发挥作用，可以实现代码的重用。

188．Java 的 23 种设计模式是什么？

答：Factory（工厂模式）、Builder（建造模式）、Factory Method（工厂方法模式）、Prototype（原始模型模式）、Singleton（单例模式）、Facade（门面模式）、Adapter（适配器模式）、Bridge（桥梁模式）、Composite（合成模式）、Decorator（装饰模式）、Flyweight（享元模式）、Proxy（代理模式）、Command（命令模式）、Interpreter（解释器模式）、Visitor（访问者模式）、Iterator（迭代子模式）、Mediator（调停者模式）、Memento（备忘录模式）、Observer（观察者模式）、State（状态模式）、Strategy（策略模式）、Template Method（模板方法模式）、Chain Of Responsibility（责任链模式）。

189．Java 的注释有几种？

（1）单选注释：符号是//。

（2）块注释：符号是/ *　*/。

（3）javadoc 注释：符号是/ **　*/。

190．简述 B/S 与 C/S 的联系与区别。

答：C/S 是 Client/Server 的缩写。服务器通常采用高性能的 PC、工作站或小型机，并采用大型数据库系统，如 Oracle、Sybase、Informix 或 SQL Server。客户端需要安装专用的客户端软件。B/S 是 Brower/Server 的缩写，客户机上只要安装一个浏览器（Browser），如 Netscape Navigator 或 Internet Explorer，服务器安装 Oracle、Sybase、Informix 或 SQLServer 等数据库。在这种结构下，用户界面完全通过 WWW 浏览器实现，一部分事务逻辑在前端实现，但是主要事务逻辑在服务器端实现。浏览器通过 Web Server 同数据库进行数据交互。

191．排序都有哪几种方法？

答：排序的方法有插入排序（直接插入排序、希尔排序）、交换排序（冒泡排序、快速排序）、选择排序（直接选择排序、堆排序）、归并排序、分配排序（箱排序、基数排序）。

192．说出一些常用的类、包、接口，请各举 5 个。

答：常用的类：StringBuffer、String、Integer、HashMap、ArrayList、BufferedReader、BufferedWriter、FileReader、FileWirter。

常用的包：java. lang、java. io、java. util、java. sql、javax. servlet、javax. servlet. http。

常用的接口：Collection、List、Map、Set、Iterator、Comparable。

193. List 的子类特点是什么？

答：

ArrayLis：底层数据结构是数组，查询快，增删慢，线程不安全，效率高。

Vector：底层数据结构是数组，查询快，增删慢，线程安全，效率低。

LinkedList：底层数据结构是链表，查询慢，增删快，线程不安全，效率高。

194. JDO 是什么？

答：JDO 是 Java 对象持久化的新的规范，为 Java Data Object 的简称，也是一个用于存取某种数据仓库中的对象的标准化 API。JDO 提供了透明的对象存储，因此对开发人员来说，存储数据对象完全不需要额外的代码（如 JDBC API 的使用）。这些烦琐的例行工作已经转移到 JDO 产品提供商身上，使开发人员解脱出来，从而集中时间和精力在业务逻辑上。另外，JDO 很灵活，因为它可以在任何数据底层上运行。JDBC 只是面向关系数据库（RDBMS）JDO 更通用，提供到任何数据底层的存储功能，如关系数据库、文件、XML 以及对象数据库（ODBMS）等，使得应用可移植性更强。

195. 多线程编程的好处是什么？

答：在多线程程序中，多个线程被并发的执行以提高程序的效率，CPU 不会因为某个线程需要等待资源而进入空闲状态。多个线程共享堆内存（Heap Memory），因此创建多个线程去执行一些任务会比创建多个进程更好。

196. 简述分布式。

答：所谓分布式计算是一门计算机科学，它研究如何把一个需要非常巨大的计算能力才能解决的问题分成许多小的部分，然后把这些部分分配给许多计算机进行处理，最后把这些计算结果综合起来得到最终的结果。分布式网络存储技术是将数据分散地存储于多台独立的机器设备中。分布式网络存储系统采用可扩展的系统结构，利用多台存储服务器分担存储负荷，利用位置服务器定位存储信息，不但解决了传统集中式存储系统中单存储服务器的瓶颈问题，还提高了系统的可靠性、可用性和扩展性。

197. 什么是并发？

答：在操作系统中，并发是指一个时间段中有几个程序都处于已启动运行到运行完毕之间，且这几个程序都是在同一个处理机上运行，但任一个时刻点上只有一个程序在处理机上运行。在关系数据库中，允许多个用户同时访问和更改共享数据的进程。SQL Server 使用锁定以允许多个用户同时访问和更改共享数据而彼此之间不发生冲突。

198. 什么是反射技术？

答：反射技术其实就是动态加载一个指定的类，并获取该类中的所有的内容，且将字节码文件封装成对象，并将字节码文件中的内容都封装成对象，这样便于操作这些成员。简单地说，反射技术可以对这个类进解剖。反射的好处是增强了程序的扩展性。

反射的基本步骤如下。

（1）获得 Class 对象，就是获取指定名称的字节码文件对象。

（2）实例化对象，获得类的属性、方法或构造函数。

（3）访问属性、调用方法或利用构造函数创建对象。

199. char 型变量中能不能存储一个中文汉字？为什么？

答：能够定义成为一个中文的，因为 Java 中以 Unicode 编码，一个 char 占 16 个字节，因此可以放一个中文汉字。

200. JSP 和 Servlet 有哪些相同点和不同点，它们之间的联系是什么？

答：JSP 是 Servlet 技术的扩展，本质上是 Servlet 的简易方式，更强调应用的外表表达。JSP 编译后是"类 Servlet"。Servlet 和 JSP 最主要的不同点在于，Servlet 的应用逻辑是在 Java 文件中，并且完全从表示层中的 HTML 中分离开来，而 JSP 的情况是 Java 和 HTML 可以组合成一个扩展名为 .jsp 的文件。JSP 侧重于视图，Servlet 主要用于控制逻辑。

图书资源支持

感谢您一直以来对清华版图书的支持和爱护。为了配合本书的使用，本书提供配套的资源，有需求的读者请扫描下方的"书圈"微信公众号二维码，在图书专区下载，也可以拨打电话或发送电子邮件咨询。

如果您在使用本书的过程中遇到了什么问题，或者有相关图书出版计划，也请您发邮件告诉我们，以便我们更好地为您服务。

我们的联系方式：

地　　址：北京市海淀区双清路学研大厦 A 座 701

邮　　编：100084

电　　话：010－62770175－4608

资源下载：http://www.tup.com.cn

客服邮箱：tupjsj@vip.163.com

QQ：2301891038（请写明您的单位和姓名）

资源下载、样书申请

书圈

扫一扫，获取最新目录

用微信扫一扫右边的二维码，即可关注清华大学出版社公众号"书圈"。